環境経済学講義

鈴木宣弘・木下順子 著

筑波書房

序

　本書は、専門知識なくして、誰でも環境経済学の基礎的考え方とポイントをわかりやすく学べるテキストです。ベースになっているのは、東京大学農学部の学部生向けに講義した筆者（鈴木宣弘）の講義ノートです。

　農学部で教える環境経済学ということで、経済学部のような難しい数式展開はありません。身近な現実問題を解決に導く手順で解説し、複雑な数式や図解をなるべく使わずに理解できるよう工夫しました。学生さんには常々、「テキストが理解できなくても自分を責めるな。自分でわかるように自分なりの説明の仕方を考えよう。それがオリジナルになる」と説いています。机上の空論ではなく、現実の社会問題の解決に使える学びを修得してもらうためです。

　本講義では、従来の学説の誤りや誤解にも言及しています。たとえば、「コースの定理」が現実には適用できないという一般的なテキストの解説も、ニューヨーク州ハドソン川の水質改善計画の成功事例から、その誤解を解きました。また、環境経済学とは最適な均衡水準を示すだけで「汚染を容認する体系」だと誤解されていることに対して、環境税はそれを汚染防止対策に使い、自動車税はそれを交通事故防止のための道路改善などに使うことによって、汚染や事故を防止できることを示しました。

　こうした講義は好評で、農学国際専攻の3年生20人のうち9人が鈴木のゼミを希望することもありました。経済学部からも受講生がいて、現場に密着した講義がとても新鮮だと評判が広まり、何人もの経済学部生が農学部の鈴木研究室の修士課程を志願してくれました。

　このテキストで環境経済学を学ぶ学生さんはもちろん、広く一般の方々が、敷居の高い、あるいは、あまり役に立たないかのように思っていた環境経済

4

学の世界を自分にとって身近なものにして、日々の生活の様々な事象を「環境経済学的に」考えることを楽しんでいただければと思います。

鈴木宣弘

木下順子

目 次

序 ……………………………………………………………………… 3

【基礎編】 ……………………………………………………………… 7

はじめに～学習の姿勢 ………………………………………………… 8

1 環境経済学とは何か ……………………………………………… 10

2 外部効果を内部化する方法～ピグー税 ………………………… 12

3 内部化による生産量への影響と汚染防止効果 ………………… 13

4 内部化と市場メカニズムとの関係 ……………………………… 15

　　課題1 ……………………………………………………………… 17

5 余剰分析の基礎 …………………………………………………… 18

6 外部効果を考慮した余剰分析 …………………………………… 20

　　課題2 ……………………………………………………………… 23

7 コモンズの悲劇 …………………………………………………… 24

8 コモンズを守れるのは誰か ……………………………………… 26

9 規制緩和とコモンズの悲劇～改定漁業法の事例 ……………… 28

10 コースの定理 …………………………………………………… 31

11 排出量取引 ……………………………………………………… 33

12 ボーモル＝オーツ税 …………………………………………… 36

　　課題3 ……………………………………………………………… 38

13 自由貿易と環境問題 …………………………………………… 39

14 貿易がもたらす環境負荷の試算例 …………………………… 42

15 外部不経済を考慮した貿易自由化の余剰分析 ……………… 46

　　課題4 ……………………………………………………………… 49

6

【応用編】 ……………………………………………………………… *53*

16 外部不経済と競争政策の逆説的関係 ……………………… *54*

17 ISDS条項の異常性 …………………………………………… *56*

　　課題5 …………………………………………………………… *59*

18 なぜ農業に汚染者負担原則が適用されないのか…………… *62*

19 ニューヨーク市の水源地畜産助成策にみる環境政策の考え方 ………… *64*

20 外部経済と外部不経済の境界線～クロス・コンプライアンスの適用例
　　…………………………………………………………………… *67*

21 排出削減取引と補助金を組み合わせた環境保全型農業の推進 ………… *69*

22 環境政策における妥当な補助金額の算定～日本の畜産補助事業の事例
　　…………………………………………………………………… *71*

23 バイオ燃料推進の環境経済的評価 ………………………… *74*

24 環境問題を考慮した自由貿易協定の影響評価 …………… *78*

25 消費者の不安をともなう新技術導入の影響評価 ………… *83*

おわりに ………………………………………………………………… *85*

〈参考文献〉 …………………………………………………………… *88*

【基礎編】

はじめに〜学習の姿勢

　本題に入る前に、私の講義で学ぶ皆さんにぜひ心がけてほしい「学習の姿勢」についてお話しておきます。これは、環境経済学に限らずすべての学問に共通して言える、基本的な学び方のコツです。ポイントは3つあります。

　1つめは「現実問題から迫る」ことです。身近に起こっているさまざまな問題を観察して、それを解決するにはどのような分析ツールが必要かを具体的に考えてみてください。逆に、なんの問題意識もなくただテキストを読んでも、自分にとって現実味がなくおもしろいと感じなければ、なかなか突き詰めて考えることはできません。自分の興味関心を高める意味でも、まずは身近な問題に目を向けることから始めてください。

　2つめは「常識を疑い、覆す」ことです。いわゆる一般論や定説など、多くの人が常識のように言うことでも簡単に鵜呑みにしてはいけません。それらは意外とデータの裏付けがなかったり、きちんと検証されていない「みんなの思い込み」であることも少なくないのです。たとえば、ほとんどの経済学者が口をそろえて主張する「貿易自由化は必ず経済厚生を改善する」とか「農業保護は関税よりも農家への直接支払いで行う方がよい」といった主張も、実はどちらも間違っています（これは後ほど詳しく解説します）。常に疑いの目をもって学び、もし定説の間違いに気づいたら、自分の論理でそれを覆すことにも挑戦してください。自分自身で新しい定説を作るぐらいの自由な気持ちでぜひ取組んでみてください。

　3つめは「自分の理論体系をつくる」ことです。これは決して難しいことではありません。人が説明したものをそのまま覚えるのではなく、自分の言葉で説明し直す習慣をもつということです。実を言うと、私は人が書いた本を読んでも理解できないことがよくあります。みなさんも、学術書を読んで意味がわからないとき、自分を責めすぎてはいけません。わからないのは、

その本の説明のしかたが悪いからかもしれないので、もっと簡単な説明を工夫したり、自分なりのストーリーに置き替えて解き直してみればいいわけです。そうやって自分自身で整理してみることが、新しいアイデアを生みだすきっかけにもなるのです。

　以上の３つのコツを心がけて、この講義でも批判的な見方を忘れずに、もっと良いアイデアを出して議論を広げてくれることを期待しています。

▱ 学習の３つの心得 ▱▱▱▱▱▱▱▱▱▱▱▱▱▱▱▱▱▱▱▱▱▱▱▱
　　・現実問題から迫る
　　・常識を疑い、覆す
　　・自分の理論体系をつくる
▱▱▱▱▱▱▱▱▱▱▱▱▱▱▱▱▱▱▱▱▱▱▱▱▱▱▱▱▱▱▱▱

1 環境経済学とは何か

　それでは本題に入ります。最初に「環境経済学」とはどのような学問なのかを確認しておきます。

　まず、「経済学」とは何か。端的に言うと、市場取引が可能なモノ（財・サービス）について分析する学問です。「市場取引」というのは、モノの価格を決めて売買し、買った側にその排他的使用権を与える手続きを言います。「排他的」という点がポイントで、そのモノの使い方や収益、処分などについて購入者が自分勝手に決めてもいいということです。

　つぎに「環境」とは何か。環境経済学では、いわゆる「環境問題」の対象となりうる外界の状況を指しています。したがって大気、水資源、森林、生物多様性などの自然的条件はもちろん、里山や牧場の風景など人の手がかなり加わったものも含まれます。いずれにしても、それらは経済学的に見ると「みんなのもの」です。すなわち、環境から受ける影響（被害や恩恵）を誰かが独占することはできないし、多くの場合は財産権・所有権が明確に設定されていないため、市場で取引されない「非市場財」です。したがって、一般的な経済分析では環境の影響は重要ではなく、無視してよいものだと見なされています。

　とはいえ、私たちの経済活動は環境の状態によって明らかに大きな影響を受けています。たとえば、公害は人々の健康に悪影響を及ぼし、汚染対策費用や病気の治療費など様々なコスト負担を広く社会に及ぼします。逆に、名勝やのどかな牧場風景、里山の多様な植生などは、観光客を引き寄せて地域経済を潤すなどの好ましい経済効果を発揮しています。

　これらの環境からのメリットやデメリットを、もしみんなが無視して自由に経済活動を行うとどうなるでしょうか。これは「市場の失敗」（Market failure）を引き起こす大きな要因の一つになります。市場の失敗とは、資本主義経済の理論の根幹である「市場メカニズム」（Market mechanism）が

機能不全に陥って、最適な資源配分が達成されない状態です。つまり、環境問題とは経済学にとって、ずっと信奉してきた「市場均衡」のパラダイムを、いわば空理空論にしてしまうかもしれない大問題であるわけです。

そこで、環境問題もどうにかオーソドックスな均衡理論の中で分析できないかということで、様々なアイデアの提案が古くからありました。それらが「環境経済学」と呼ばれる一つの学問分野として体系化されたのは、おおよそ1970年代以降のことです。環境経済学の誕生は、環境破壊がかつてない危機的水準に高まってきた時代の要請であったとも言えるしょう。

なお、このような流れで台頭した環境経済学体系は、今では主要な応用経済学の一分野となっており、いわば「主流派経済学」の一部分です。一方で、主流派の考え方に批判的な立場で、市場メカニズムをベースにしない新たな環境分析を模索する流れもあります。

環境経済学はまだまだ若く、伸びしろの多い学問分野です。本書は初学者のための入門書として、主流派環境経済学の最も基本的な理論を中心にお話します。みなさんは各自でその理論的課題や改善可能性なども考えながら、俯瞰の目をもって学ぶよう心がけてください。

2 外部効果を内部化する方法～ピグー税

　環境経済学では「外部効果」（External effect）という概念がよく出てきます。これは、誰かの経済活動によって生じる「市場取引の対象外のもの」への影響が、第三者の経済活動に及ぼす影響のことです。それが第三者にとって利益になれば「外部経済」（External economy）、逆に第三者の損失になれば「外部不経済」（External diseconomy）と呼ばれます。プラスの効果かマイナスの効果かという意味で、それぞれ「正の外部性」（Positive externality）、「負の外部性」（Negative externality）とも呼ばれます。

　負の外部性の最も代表的な例は公害です。もし公害を出している企業が、汚染防止費用や被害者への補償費用などの「外部費用」を支払うことなく自由に生産を続けると、前の章で説明した市場の失敗を引き起こします。

　この問題を解決する最もオーソドックスな方法の1つは「ピグー税」（Pigovian tax）です。これは、イギリスの経済学者ピグー（Pigou、1877-1959年）が提案した方法で、外部費用に相当する金額を汚染者に課税するという政府主導の環境政策の代表例です。ピグー税を課された企業にとっては、税負担の分だけ生産コストが上乗せされるので、環境に配慮した生産体制へと改善する経済的誘因になります。

　加えて、ピグー税において重要な点は、その税収を汚染防止対策のために使うことです。つまり、ピグー税は「目的税」です。公害対策として導入されたピグー税の税収は、汚染防止のために使わなければ目的を達成できず、社会的ロスは解消されないまま残ってしまいます。

　このように、適切な政策を講じれば、環境問題は当事者の「合理的な経済行動」（この意味は次の章で詳しく説明します）によって解決へと導けます。これを「内部化」（Internalization）と言います。もとは経済学の対象「外」のものであった外部効果を、「内」に置くという意味合いで、内部化というわけです。

環境経済学講義　*13*

3 内部化による生産量への影響と汚染防止効果

　それでは、ピグー税によって外部不経済が内部化されると、最適な生産量はどのように決まり、汚染被害はどれだけ抑制されるのでしょうか。**表1**の数値例で見てみます。

表1　肥育農家の例

牛の数 （頭）	私的追加費用 （素牛の値段） PMC （万円）	追加収入 MR （万円）	私的利潤 最大化条件 MR－PMC （万円）	汚染対策の 追加費用 EMC （万円）	社会的追加費用 SMC＝PMC＋EMC （万円）	社会的利潤 最大化条件 MR－SMC （万円）
1	1	6	5	1	2	4
2	1	5	4	2	3	2
3	1	4	3	3	4	0
4	1	3	2	4	5	−2
5	1	2	1	5	6	−4
6	1	1	0	6	7	−6

　仮定として、この肥育農家が素牛を1頭増やすとき、追加的にかかる費用（素牛の値段）は常に1万円だとします。一方、肉牛の販売頭数を増やしていくと、肉の価格は下落していくので、追加収入は**表1**のMRのように、最初の1頭目は6万円ですが、もう1頭販売を増やすと追加的に5万円、さらにもう1頭販売を増やすと追加で4万円というふうに、1万円ずつ減っていくと仮定します。すると、6頭目の販売において、追加のもうけが0（＝MR－PMC）になるので、これ以上は頭数を増やさないという判断になります。つまり、農家のもうけが最大化する最適生産量（頭数）は6頭です。

　つぎに、外部不経済が内部化された場合を考えてみましょう。たとえば家畜の糞尿による環境汚染に対して汚染税（ピグー税）が導入され、経営規模が大きくなるほど1頭当たり税額が高くなっていく課税システムだったとし

14

ます。仮定として、素牛を1頭増やすごとに追加的に生じる税負担が、**表1**のEMCのように、最初の1頭目で1万円、もう1頭増やすと追加で2万円、さらにもう1頭増やすと追加で3万円というように、1万円ずつ増えていくとします。すると、当初1頭飼っていて2頭目を増やすと、素牛の値段1万円（PMC）に汚染税2万円（EMC）を足して、合計3万円（SMC）の費用が追加的にかかりますが、このとき肉牛販売収入が追加で5万円（MR）入ってくるので、2頭目は増やした方がいいという判断になります。しかし、さらにもう1頭増やして3頭にすると、SMCは4万円、MRは4万円となり、追加のもうけが0（＝MR－SMC）になるので、これ以上頭数を増やさないという判断になります。つまり、農家のもうけが最大化される最適な頭数は3頭です。また、この税はピグー税なので、飼われている3頭分の汚染については税収から対策費が支出されています。

　以上のように、もしピグー税がなければ農家は6頭まで牛を増やし、6頭分の環境汚染が発生しますが、ピグー税が導入されると、農家にとって最適な頭数が3頭に抑制されるのに加えて、税収を使って3頭分の汚染対策が実施されるため、環境問題も解消されるのです。

▱ 外部効果 ▱▱▱▱▱▱▱▱▱▱▱▱▱▱▱▱▱▱▱▱▱▱▱▱▱▱▱

　外部不経済（負の外部性）＝他者に損失を与える効果（ex.公害、希少
　　　資源枯渇など）

　外部経済（正の外部性）＝他者に利益を与える効果（ex.名勝、生物多
　　　様性維持など）

▱▱▱▱▱▱▱▱▱▱▱▱▱▱▱▱▱▱▱▱▱▱▱▱▱▱▱▱▱▱▱▱▱

4 内部化と市場メカニズムとの関係

あらためて、ピグー税による内部化と市場メカニズムとの関係性を図解で見ていきましょう。

図1は、簡単化のために追加収入MRを一定と仮定し、環境汚染（外部不経済）を出しているある農家の費用と生産量との関係性を描いています。もし農家が汚染を無視して自由に生産を行えば、農家が実際に支払っている「私的限界費用」（Private marginal cost）は図1のPMCの線となり、追加収入MRの線と交わる生産量Sが最適生産量になります。しかし、ピグー税が導入されて、汚染による外部費用の分が農家に課税されると、税金分を足した「社会的限界費用」（Social marginal cost）の線はPMCよりも上方のSMC₁に

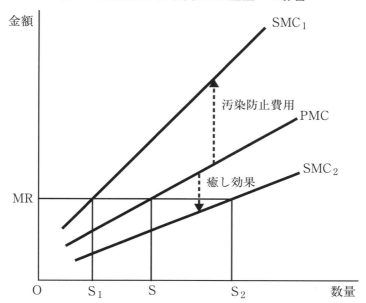

図1　外部効果の内部化と生産量への影響

16

移動して、最適生産量はS₁に減少します。

　このように、私的限界費用と社会的限界費用とは外部費用の分だけ乖離していますが、ピグー税などで内部化すれば、農家は社会的限界費用を認識することができ、市場メカニズムの下で社会的に最適な生産量を見出すことができます。つまり、汚染者である農家の合理的な経済行動の力を借りて、汚染問題は解決されるのです。

　なお、「限界費用」（Marginal cost）とは、市場均衡点を決める重要な概念の一つなので、今後ひんぱんに出てきます。数学的な説明は省略しますが、本講義では「生産を1単位増やしたとき追加的にかかる費用」だとシンプルに捉えておいてください。[注1]

　つぎに考えなければならないのは、プラスの効果である外部経済を内部化する場合です。たとえば、のどかな牧場風景が周辺住民の心を癒す効果があったとしても、普通はその対価を住民が直接農家に支払ったりはしないので、この牧場は十分に整備されなかったり景観が失われる危険性をはらんでいます。この状態をどう是正するかというと、先ほど説明した外部不経済のケースでは農家に課税したので、外部経済の場合は逆で、農家の税金を安くするか、補助金を支給する方法（ピグー補助金）が考えられます。すると、牧場景観は農家にとって利益を生む副産物のようなものになり、副産物価額と同じように補助金分が農家の生産費から差し引かれます。つまり、社会的限界費用の線が下方にシフトして、**図1**のようにSMC₂に移動すると、最適生産量はS₂に増加します。

　ただし、この場合もピグー税と同じ考え方で、農家に景観保全の努力を続けてもらうことを補助金の支給条件とすることが重要です。そうでなければ外部経済が失われる危険性は十分に解消されません。

　ここまでの説明を参考に、課題1をやってみてください。

（注1）「限界」とは微分を意味する "marginal" の訳語ですが、あまりピンとこない言葉ですし、「追加的な」という表現の方がしっくりくる気がしますので、本講義では「限界費用」と同じ意味で、「追加費用」という言葉も使っていくことにします。

《限界費用》（本講義では「追加費用」とも言う）
・ 私的限界費用＝外部効果を無視した限界費用
・ 社会的限界費用＝外部効果を考慮した、本来認識すべき真の限界費用

《農業における環境政策》
・環境負荷の防止策：ピグー税（農家に汚染費用分を課税＋税収で汚染防止策実施）
・環境便益の保全策：ピグー補助金（便益分の農家支援＋景観保全型農業の義務化）

課題1

ニンジンの供給量をX、価格をPとするとき、ニンジンを栽培する農家の費用関数が$C=0.25X^2+5$、窒素肥料による地下水汚染を防止するための費用が$D=0.25X^2$かかると仮定する。この農家が直面する需要は完全弾力的で、$P=10$でいくらでも販売できるとき、
(1) 農家が汚染を無視した場合のニンジンの最適生産量はいくらか。
(2) 農家が汚染防止費用を負担する場合のニンジンの最適生産量はいくらか。
(3) (2)の最適生産量をもたらすピグー税はいくらか。

5　余剰分析の基礎

　ここでは、人々の経済的満足度を測る尺度として「経済厚生」(Economic welfare) という概念が出てきます。社会全体としての経済厚生の総和は「社会的余剰」(Social surplus) や「総余剰」(Total surplus) と呼ばれ、総余剰とは「消費者余剰」(Consumer surplus)、「生産者余剰」(Producer surplus)、「政府余剰」(Government surplus) の3つの余剰の合計です。これらの余剰の大きさを計算し、外部効果や環境政策が社会にもたらす経済的影響を見ていきます。

　まず、外部効果がない場合から確認しましょう。図2のグラフの縦軸は価格、横軸は数量を表し、価格が下がれば需要量は増えるので、需要曲線は右下がりの線で描かれています。この場合、価格がP_1、需要量がD_1のときの消費者余剰はP_0からP_1までを1辺とする三角形Aの部分です。つまり、価格がP_1のとき、消費者が得ている経済的利益の大きさ（金額）は三角形Aの面積に相当します。

　消費者余剰は、価格が下がるほど増加します。これは、同じモノなら少し

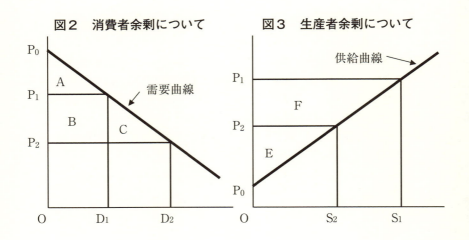

図2　消費者余剰について　　図3　生産者余剰について

でも安く買える方が消費者の満足度が高まることを意味しています。たとえば価格がP_1からP_2に下がり、需要量がD_1からD_2に増えたとき、消費者余剰はどれだけ増えるでしょうか。まず1単位あたりで言うと、価格の下落分（$P_1 - P_2$）だけ得をしますが、それが何単位分かというのをD_1とD_2の平均値（$D_1 + D_2$）/2で評価するならば、消費者余剰の増加分は（$P_1 - P_2$）×（$D_1 + D_2$）/2で計算されます。これは**図2**の台形B＋Cの面積になることがわかると思います。つまり、価格がP_1からP_2に下がると、消費者余剰は三角形Aの面積から、より大きい三角形A＋B＋Cの面積へと増加します。

生産者余剰についても同様の説明となりますが、消費者余剰の場合とは全く逆で、生産者は安く売るほど損をするので、生産者余剰は価格が下がるほど減少します。**図3**で見ると、価格がP_1のときの供給量はS_1、このときの生産者余剰はP_0からP_1までを1辺とする三角形E＋Fの部分です。ここで、価格がP_1からP_2に下がったとき、生産者余剰の減少分はどのように計算され、総額としては**図3**のどの部分の面積に相当するか、各自で確認してください。

　社会的余剰（総余剰）＝消費者余剰＋生産者余剰＋政府余剰

---

6 外部効果を考慮した余剰分析

　以上の道具立てを使って、いよいよ外部効果を考慮した場合の余剰分析を行います。まずはマイナスの効果である外部不経済のケースから考えてみましょう。

　ピグー税が導入され、生産者が外部不経済による社会的コストを負担している状況では、税金分が追加費用に上乗せされて、**図4**のように、私的追加費用PMCよりも上の方に社会的追加費用SMCが描かれます。このとき、最適生産量は「追加収入＝追加費用」となる点で決まるので、ピグー税導入前は私的追加費用PMC上の点Eで生産されますが、ピグー税導入後には社会的追加費用SMC上の点Gまで生産量が減少します。

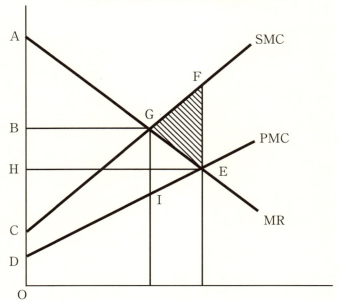

図4　外部不経済と経済厚生

この場合の余剰変化を見てみると、ピグー税導入前における消費者余剰と生産者余剰の合計は三角形ADEの部分ですが、ピグー税導入後のそれは三角形ACGになるので、より小さい三角形になるように見えます。しかし、ピグー税導入前には外部不経済による社会的コストが四角形CDEFの面積分発生していて、ピグー税導入後にはこれが解消されたことを考えると、結局は三角形GEFの分だけ余剰は増えています。この部分は外部不経済を放置すると発生する社会的損失（<u>死荷重</u>）の部分です。また、台形CDIGはピグー税として徴収される総額で、これを財源として汚染防止対策が行われます。

　つぎに、プラスの効果である外部経済がある場合を考えてみます。先ほどの外部不経済の場合とは逆で、社会的メリットの分が補助金として補填されると、その分は生産者の副産物価額としてコストから差し引かれて、**図5**のように、私的追加費用PMCよりも下方に社会的追加費用SMCが描かれます。

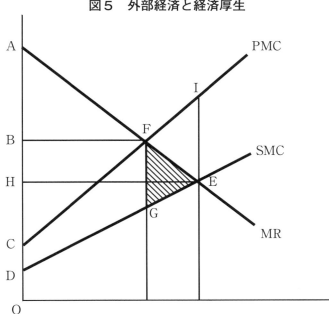

図5　外部経済と経済厚生

22

　需給均衡点は、補助金導入前のF点から、補助金導入後にはE点へと移動して、最適生産量は増加します。

　このとき、補助金導入前における消費者余剰と生産者余剰との合計は三角形ACFの部分です。これに加えて台形CDGFの部分の外部経済が発生していますが、その対価は生産者に支払われていないので、消費者のメリットとして加算されます。一方、補助金導入後には、消費者余剰と生産者余剰との合計は三角形ADEとなり、三角形FGEの分だけ余剰が増えています。この部分が、外部経済を放置すると発生する死荷重です。また、補助金としては四角形CDEIの部分が生産者に支払われています。

　以上のような議論はいろいろな資格試験でよく出てきます。課題２は実際の出題例ですので挑戦してみてください。

課題2

図6は、汚水を排出している企業の私的限界費用曲線、汚水による被害のコストを含めた社会的限界費用曲線、および生産物の需要曲線を示している。この企業に対して最適な汚染税を課した場合の最適生産量と価格、汚染税の額、および社会的余剰の増分の組合せとして適当なのはどれか、**表2**の回答番号1〜5より選べ。

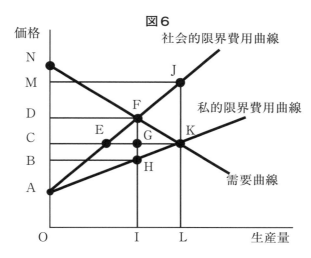

図6

表2

回答番号	生産量	生産物価格（税込）	汚染税（単位当たり）	社会的余剰の増分
1	OI	OB	AB	AHFD
2	OI	OD	BD	FJK
3	OL	OC	AC	ADF
4	OL	OC	BC	FKH
5	OL	OM	CM	FJK

7 コモンズの悲劇

ここでは環境問題の本質を語るうえで大変重要な「コモンズ」(Commons)について考えていきます。

コモンズとは、多数者が自由に利用（共用）できるが有限性のある資源のことです。たとえば、放牧地や山林など入会地（いりあいち）の草地や森林資源は代表的なコモンズですし、多くの漁民が漁業を営む海の水産資源も、川や地下水の水資源などもコモンズです。なお、コモンズの訳語としては、「共有資源」や「共有地」というのが一般的ですが、「共有」と言うと、共同名義の所有権があるかのような誤解を招きがちなので、この講義ではあえて「共用」という言葉を使って、「共用資源」や「共用地」と訳すことにします。

さて、コモンズを利用する多数者が、もし自分の経済合理性だけを考えて資源を自由に利用するとどうなるでしょうか。これは乱獲による資源の枯渇を招き、最終的にはみんなが共倒れになります。この状況を「コモンズの悲劇」といいます。

コモンズの悲劇の話は環境経済学を学ぶ上で必ず出てきますが、これを最初に問題提起した人物は、ハーディン（Garrett Hardin）というアメリカの生物学者です。彼は1968年に「The Tragedy of the Commons」と題する論文で、人口過多による環境破壊の危険性を警告して大変注目されました。

コモンズの悲劇が起こるメカニズムは、外部不経済が放置されたときの説明と同じです。ここではハーディンの論文になぞらえて、「放牧地と羊飼い」の数値例で説明しましょう。

ある共用の放牧地に羊飼いが10人いて、各々がウール用の羊を10頭ずつ飼っているとします。ウールを売った収入は1頭当たり100万円です。また、この放牧地の牧草の再生産能力はちょうど100頭分で、もし誰かが羊を1頭増やして全体で101頭になると、牧草が不足してすべての羊の生育に悪影響が及ぶ結果、1頭当たりのウール販売収入が1％低下すると仮定します。た

環境経済学講義　*25*

だし、羊を増やす追加費用はゼロと仮定します。

　ここで、1人の羊飼いXが羊を1頭増やし、11頭にした場合を考えてみます。このとき、羊1頭当たりのウール販売収入は1％低下して99万円になり、11頭分の収入は99×11＝1,089万円に増えます。これは、以前10頭飼っていて1頭当たり100万円のウール販売収入があった頃と比べると、89万円の追加収入になるため、羊飼いXにとって1頭増やすことは合理的な判断だということになります。しかし、残り9人の羊飼いたちはそれぞれ10頭のままなので、ウール販売収入は99×10＝990万円と、以前より10万円の収入減少となってしまいます。これを9人分合計すると90万円の収入減少です。

　この状況は、1人だけが得をするために、他のみんなが損失を被るという外部不経済のケースです。これを追加収入と追加費用の関係性で見ると、羊飼いXにとっての私的追加費用は0、追加収入は89、社会的追加費用は90です。つまり、羊飼いXは89万円の得をするが、他の9人の合計90万円の損失を差し引くと、放牧地全体では1万円を失っています。したがって、もし10人を1つの経営体と考えるならば1頭でも増やさない方が得なのですが、個々の経済合理性で行動すると、どうしても増やす人が出てきてしまうのです。

　さらに、本来は1頭でも増やしてはいけないのに、1頭ならず2頭目、3頭目と増えていくとどうなるでしょうか。もし全員が10頭ずつ増やすと、合計100頭増えるので、ウール価格は100％下落して0円になります。これは、牧草不足でこの地の牧羊が壊滅することを意味します。このように、全員が個々の合理性だけ考えて行動すれば、最終的には資源が枯渇してみんなが破滅するというのが、コモンズの悲劇の結末なのです。

8 コモンズを守れるのは誰か

　コモンズ悲劇を未然に防ぐためには、誰がどのように対策を講じるのが最も効率的なのでしょうか。「私・公・共」の3つの担い手の間で比較してみましょう。

　「私（し）」（Private sector）とは、市場の需給調整機能であり、自己の経済利益を追求する個人や企業がその担い手です。「公」（Public sector）とは、政策や規制による再分配の機能であり、国や自治体が担い手です。そして「共」（Communal sector）とは、自主的な共同管理の機能であり、共助共生にもとづく協同組合やNPOなどがその担い手です。

　まず、「私」がコモンズの悲劇に対処する場合は、共用地を個別の所有権によってすべて分割して、それぞれを個人で管理する方法が一例として考えられます。しかし、たとえば放牧地の例だと、牧草の質が良いところと悪いところに差があるし、家畜は広く行動するので所有地ごとに土地を囲えないなどの問題が出てきます。漁場の場合も同じで、分割して囲ってしまうと不公平が生じます。

　一方、「公」がコモンズの管理を担い、役所で区割りをしたり入れ替えたりして調整すればいいという議論もあります。確かに「公」の管理で「私」の暴走を抑制するのは、一見有効な方法に思われますが、公に任せると行政コストが膨大になったり、情報不足による非効率が生じてなかなかうまくいかないケースが多々あります。

　それでは「共」の機能でコモンズを管理する場合はどうでしょうか。たとえば水産資源の場合、昔から漁業協同組合（漁協）に漁業者が集まり、協力し合って漁獲量や養殖の区割りを決めています。漁業者たちは競争や奪い合いではなく、共助共生の理念によって資源を管理することにより、海の再生産能力を維持しながら、長年にわたって海の恵みを分け合ってきたのです。

　アメリカの政治経済学者であるオストロム（Elinor Ostrom）は、「共」こ

そがコモンズを最も低コストで持続的に管理できる担い手であることを「ゲーム理論」を用いて証明し、その功績によって2009年にノーベル経済学賞を受賞しています。

9 規制緩和とコモンズの悲劇～改定漁業法の事例

　誰がコモンズを守れるかという議論に関連して、2018年に成立したいわゆる「改定漁業法」（「漁業法等の一部を改正する等の法律」）の問題点について触れておきます。漁業法とは、水産業の発展や水産資源の適切な管理のための様々な方策を盛り込んだ法律ですが、今回大きく変更された部分のうち、「海面利用制度」に関する部分については、コモンズの悲劇を引き起こしかねない大問題だと考えられます。

　前浜で漁業を営む漁業者たちは、何代にもわたってそこに住み、漁協を中心に自発的な共同管理システムを築いて地域資源を守ってきました。漁協は共助共生の理念に基づいて、乱獲や過密養殖を防ぐために年間計画を作り、年度の途中に何度も見直して調整するなど、非常にきめ細かな管理体制を維持しています。この共同管理システムの役割を改正前の漁業法は高く評価して、漁協に対して優先的な前浜の使用権（＝漁業権）を付与し、漁業権を物権（＝財産権）として保護してきました。

　ところが、改定漁業法では「適切かつ有効に海面を利用する者」の漁業権取得を促進するため、漁協の優先権は撤廃されることになりました。たとえば、養殖を長年営んでいる漁家が年間５千万円を売上げているが、これを大企業が行えば１億円になるならば、その方が「適切かつ有効」で「成長産業化」に資すると判断され、漁家から大企業に漁業権を引き渡すよう求めることができるのです。こうして漁業権を奪われた漁家は、一部は企業が雇うけれども、多くは浜から出ていかざるを得なくなります。これは、「非効率な家族経営が浜を占有しているせいで漁業が衰退したのだから、みんな基本的に出て行ってもらって、もっと効率的な企業が入れば水産業は成長する」という考え方です。

　しかも、改定漁業法の下では、漁業権のはく奪は補償もなく行われるおそれがあります。これは強制収用よりも悪質です。強制収用も大問題ですが、

環境経済学講義　*29*

それは空港建設など公共目的のために補償金を払い、基本的には住民との合意の上で権利を引き渡すものです。ところが、改定漁業法の場合は合意もなく漁業者の漁業権を奪うことができるのです。これは憲法25条と29条^(注2)に対する重大な違反だと指摘する法律学者もいます。

　重要なことは、海はコモンズだということです。「自然資源の共同管理制度、及び共同管理の対象である資源」（早稲田大学井上真教授）という定義にも含意されるように、コモンズは「共」によって管理されることで「悲劇」を回避できます。

　海にはさまざまな形態の漁業が立体的・複層的に共存していて、その管理は非常に緻密で複雑です。たとえば、浜全体で貝や海藻などを採る「共同漁業権」、養殖を営む「区画漁業権」、大型の定置網漁を営む「定置漁業権」の３種類の漁業権があり、それとは別に近海や遠洋では「許可漁業」や「自由漁業」も行われていて、たとえば定置網の前で魚を獲れば定置漁業は成り立たないし、マグロ養殖場のそばを漁船が高速で移動すればマグロに被害を与えます。ある漁協の例では40の漁業者が80カ所を区割りしてワカメ養殖をしていますが、よく育つ区画をみんなが輪番で利用できるようにひんぱんに「割替え」を行っています。その管理業務はきわめて専門的でデリケートであり、うまく回すためには浜全体が一括して管理される必要がありますが、改定漁業法によって別の事業体が入り、自由に使ってよい部分が虫食い的にできてしまうと、漁協の一括管理体制は混乱し、いずれ崩壊するのも目に見えています。

　実は、林業においても同じような問題が起こっています。2018年に成立した「森林経営管理法」は、林業者が所有する民有林において、一定条件を満たせば所有者ではない企業が木の伐採やバイオマス発電を始められるという法律です。しかも、そのもうけを実質的にすべて企業のものにすることも可能になります。この法案が出た当初は、財産権の侵害であり明らかな憲法違反だと内閣法制局も反対しましたが、結局は政治の力で成立に至ったのです。

30

（注2）憲法第二十五条：
　　すべて国民は、健康で文化的な最低限度の生活を営む権利を有する。
　　憲法第二十九条：
　　1．財産権は、これを侵してはならない。
　　2．財産権の内容は、公共の福祉に適合するやうに、法律でこれを定める。
　　3．私有財産は、正当な補償の下に、これを公共のために用ひることができる。

10 コースの定理

　これからお話しする「コースの定理」は、アメリカの経済学者であるコース（Ronald H. Coase）が1960年の論文で発表したものです。コースはシカゴ学派の重鎮で、交渉や取引コストなどの研究によって1991年にノーベル経済学賞を受賞しました。

　コースの定理とは、環境政策による政府の介入がなくても、「所有権が確定されていれば、外部効果の問題は被害者・加害者間の自発的交渉によって内部化できる」という理論です。その考察では、外部費用の負担者が加害者の場合と被害者の場合とで２つのケースがあると説明されています。加害者負担のケースというのは、たとえば住民が先に住んでいた村に、汚染源となる肥育農家が後から入ってきたような場合で、被害者負担のケースとはその逆で、肥育農家が先にいたところに後から住民が入ってきた場合です。そして、どちらが費用を負担するにしても、結果的には同じ最適生産量に落ち着くというのがコースの定理です。

　もう一度**表1**（13頁）の肥育農家の数値例を使って説明します。まずは加害者（農家）負担のケースから見ていきましょう。これは、農家がこの土地で家畜を飼うことを、先に住んでいた住民に納得してもらえるように、農家側が汚染対策費用を負担するという状況です。この場合は３章で説明した例と同じで、最初に農家が１頭飼っていて、２頭目を増やすかどうかを判断する際、素牛の値段（PMC）１万円と汚染対策の追加費用（EMC）２万円とを足した社会的追加費用（SMC）は３万円ですが、肉牛販売による追加収入（MR）が５万円入るので、差し引き２万円のもうけが出ます。しかし、さらにもう１頭増やして３頭にすると、社会的追加費用と追加収入が４万円で等しくなるので、これ以上増頭しないという判断になります。このとき、農家は３頭分の汚染対策を講じています。

　つぎに、被害者（住民）負担のケースではどうなるでしょうか。これは、

32

住民が後から引っ越してきたので、住民側の責任で汚染対策を講じるか、住民から農家へ汚染対策費用を救済金として支払うという状況です。この場合は、農家が牛を1頭ずつ減らしていく状況を想定して、**表1**を下から見ていけばいいわけです。すると、まず6頭飼っていたところから、1頭減らして5頭にすると、農家の収入は2万円減少しますが、素牛の値段が1万円減るので、差額の1万円分を救済金としてもらえるなら農家は5頭に減らします。これを住民側から見ると、農家に1万円支払えば汚染対策費用6万円を節約できるので、1万円を払う方が得です。同様に、もう1頭減らして4頭にするなら、住民は農家に2万円払えば汚染対策費用5万円を節約できて得をします。さらにもう1頭減らして3頭にすると、住民は農家に3万円払って汚染対策費用3万円を節約できるということで、このケースでも、やはり3頭が最適な頭数となります。つまり、加害者と被害者のどちらが費用を負担しても、同じ最適生産量へと導かれます。

　以上のような考察により、農家にピグー税を課さなくても、農家と住民との交渉によって汚染問題を内部化できることをコースは示したわけです。

　ただし、1つ注意すべき問題があります。それは、住民側が費用を負担する場合には、汚染問題は十分に解消されていないという問題です。先の数値例だと素牛は3頭飼育されますが、その3頭分の汚染については誰も対策費用を支払わず放置されているのです。この点で、外部費用の負担者が加害者か被害者かで結果が違ってくることに注意してください。

　なお、一般的な教科書では、実際に当事者間で交渉するのは大きな取引費用がかかるので、コースの定理の実現可能性は低いという問題がしばしば指摘されています。実は、この指摘は間違っています。その理由は後ほど18章で詳しく説明します。

11 排出量取引

つぎに「排出量取引」について説明しましょう。排出量取引はピグー税と並んで議論の多い環境政策の手法の一つです。コースの定理では「加害者と被害者の間の取引」を説明しましたが、排出量取引は環境を汚染している「加害者側同士の取引」という点が大きな違いです。

排出量取引が成立する例として、不忍池の汚染問題を想定してみます。あくまで仮定ですが、不忍池の近くにある上野公園と東大病院が、窒素分を多く含む汚水の2大排出源だとして、汚水排出量を1トン削減するための追加費用は、上野公園10円、東大病院18円だとします。これは、東大病院はすでにかなりの削減努力をしているため、さらに削減するとなると上野公園よりも余計にコストがかかることをイメージした設定です。

ここで、不忍池への汚水排出に対して政府が規制をかけたとします。その目標削減量は全体で20トンで、各々の初期割当量を10トンずつとし、超過達成分（クレジット）があれば、互いに売買して個々の実際の削減量を融通しあえる制度があるとします。すると、削減費用が比較的安い上野公園が、東大病院に対してクレジットを売るという取引が成立します。すなわち、上野公園は10円かけて削減したクレジットを10円よりも高く売ればもうかりますし、東大病院は18円もかけて自分で削減するよりも、クレジットを18円より安く買えば得をするので、互いにメリットが生じて取引が成立するわけです。

この取引は、社会全体として考えてもメリットがあります。もし取引制度がなければ、両者が10トンずつ削減するために、社会全体で$10 \times 10 + 18 \times 10 = 280$円の費用がかかりますが、たとえばクレジット価格13円で取引が可能なら、上野公園が20トン削減すれば、$10 \times 20 + 18 \times 0 = 200$円の費用で削減目標を達成できるので、社会全体で80円の節約となっています。

つぎに、削減量を増やすにつれて、各々の追加費用も増えていく場合を考えてみましょう。もし上野公園が削減量を増やして15トンまで削減したとき、

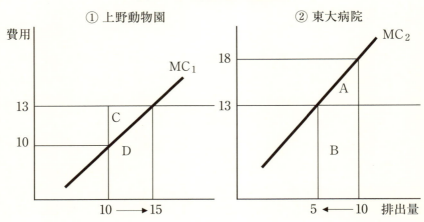

　追加費用がもとの10円から13円に上がり、逆に東大病院が削減量を減らして５トンにしたとき、追加費用がもとの18円から13円まで下がるとするならば、上野公園が東大病院にクレジットを５トン売れば、両者の追加費用が等しくなるので、それ以上のクレジット取引からは利益が出ません。このとき、社会的な削減費用を最も小さくする最適な削減量の配分が実現します。つまり、取引主体が２つの場合は両者の追加費用が等しくなる削減量が最適点です。

　以上の議論を**図7**で視覚的に捉えてみます。クレジット価格が13円で最適点となる場合、東大病院にとって節約できた費用は**図7**の台形A＋Bの部分で、そのうちクレジット購入費用が四角形Bの部分なので、三角形Aの面積分だけ費用を節約できました。一方、上野動物園にとっては台形Dの部分の費用が増えますが、クレジット販売収入として四角形C＋Dの部分を得るので、結果的に三角形Cが利益の増加分となります。つまり、社会的には三角形Aと三角形Cを足した分だけ費用が節約されています。

　世界銀行の報告によれば、温室効果ガス（GHG）を中心に排出量取引の導入例は着実に増えていますが、適切な制度設計が難しく、様々な取組みが見られます。

環境経済学講義　*35*

　アメリカでは実際につぎのような形の排出量取引が行われています。たとえば、湖の汚染者である多数の農家と１つの大きなビール工場が湖畔にある場合、汚染源は「点源」と「面源（非点源）」とで区別されて別々の基準値が適用されています。工場は汚染の発生場所を点として特定できるので点源、これに対して農家群は面源に分類されます。

　これは、工場よりも農家の方がより少ない費用で排出を減らせるからです。たとえば、農家はベスト・マネジメント・プラクティスと呼ばれるルール化された農法を実行すれば窒素流出を抑制できますが、工場の方はすでにいろいろな排出削減設備を入れていることが多く、さらに排出を減らすにはコストがかさみます。とはいえ、実際にその農法で各々の農家がどれだけ削減したかを計測するのは、工場の場合ほど簡単ではありません。したがって、便宜的に工場の１単位の削減は、農家群の２〜３倍の削減に相当するとみなし、「面源」対「点源」は２対１とか３対１などの比率で調整することになっています。すると、工場が農家からクレジットを買うという取引の流れが成立するのです。

　以上の議論を踏まえて、課題３の１．を解いてみてください。

12 ボーモル＝オーツ税

「ボーモル＝オーツ税」は、ピグー税の問題点を補う方法として、アメリカの経済学者ボーモルとオーツが共同で1971年に提案した方法です。以前、ピグー税をかければ外部不経済を内部化できるという話をしましたが、それを実際に政策として導入するとき、最も適切なピグー税の金額がいくらかは簡単にはわかりません。理論的には、社会的追加費用と私的追加費用との差額を課税すればいいわけですが、実際にはそう簡単ではないので、ボーモル氏とオーツ氏が言ったのは、試行錯誤して見つけましょうということです。

それは、まず目標とする削減量を決め、税率を適当な水準に設定して実施してみて、達成水準が目標水準よりも少なければ税率を上げ、超過達成していたら税率を下げるというように、目標水準をちょうど達成できる税率を試行錯誤で探していけば、最小費用で最適な税率がわかるというアイデアです。

ボーモル＝オーツ税の方法は、直接規制の場合と比べて、社会的にメリットがあることを数値例で説明します。図8を見てください。ここでは目標削減量を100単位とし、汚染削減の追加費用（MC）が異なる2つの企業に50

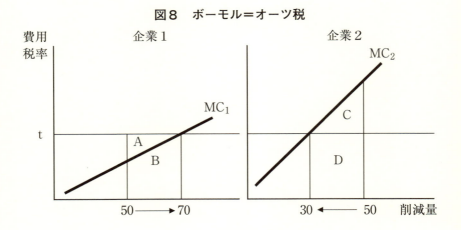

図8　ボーモル＝オーツ税

単位ずつの直接規制を課す場合と比較して考えてみます。

　まずボーモル＝オーツ税の場合、税率tは2つの企業の削減量が合計100単位になる水準で決まります。また、各企業は税金支払いと削減とではどちらが安いかを考えて自分の削減量を決めています。たとえば、削減量が50の水準では、企業1は削減した方が安い（t＞MC_1）ので削減量を増やし、削減量が70になったところで税率と追加費用とがちょうど等しくなるとします。一方、企業2は削減量50だと税金を払う方が安い（t＜MC_2）ので、削減量を減らして税金を払いますが、30まで削減量を減らすと税率と追加費用とが等しくなるとします。このとき、企業1が増やす削減量と企業2が減らす削減量とが等しく、全体としての目標削減量100単位が達成されています。

　このケースで各企業にどれだけメリットが生じているかを図8で確認しましょう。企業1にとっては、当初の50単位よりも削減量を増やしたことで四角形Bの部分の費用が増えるけれども、税金が四角形A＋Bの分だけ減るので、三角形Aの面積分のコスト削減になります。企業2については四角形Dの分だけ税金が増えますが、削減費用を四角形C＋Dの分減らせるので、三角形Cの面積分だけコスト削減になります。したがって、50単位ずつ直接規制を課すよりも、社会的にA＋Cの面積に相当するメリットが生まれています。

　以上のように、税率を試行錯誤して決めるボーモル＝オーツ税なら、目標削減量が達成できるだけでなく、直接規制で実施するよりも社会全体としてメリットが生じるのです。

　以上の議論を踏まえて、課題3の2．を解いてみましょう。

課題3

1. 不忍池の窒素濃度を低下させるために、湖畔にある2大排出源である東大病院と上野動物園に対して820トンずつの窒素排出量の削減を義務づけると共に、当初の削減割当量を上回って削減した場合は超過分（クレジット）を互いに売買できる排出量取引制度を導入した。排出量を追加的に1単位削減するための追加費用MC（円/トン）と排出削減量S（トン）の間に、

  東大病院　　$S_1=155+33MC_1$

  上野動物園　$S_2=25+40MC_2$

  という関係式が近似的に成立しているとき、

(1) 双方にメリットのあるクレジット取引が行わた場合の最適なクレジット取引量（トン）および取引価格（円/トン）を求めよ。

(2) (1)のとき、東大病院と上野公園にはそれぞれどのようなメリットがどれだけ生じるか。

(3) 社会的に見て節約される費用はいくらか。

2. 不忍池の窒素濃度を低下させるために、湖畔にある2大排出源である東大病院と上野動物園に対して「①8トンずつの排出削減を義務づける直接規制を課した場合」と「②合計16トンの削減が達成されるボーモル＝オーツ税を試行錯誤しつつ課した場合」とを比較する。排出量を追加的に1単位削減するのにかかる追加費用MC（円/トン）と排出削減量S（トン）の間に、

  東大病院　　$MC_1=-40+10S_1$

  上野動物園　$MC_2=-60+8S_2$

  という関係式が近似的に成立しているとき、

(1) 削減義務の達成に必要な社会的費用を最小化するボーモル＝オーツ税（排出量1トン当たり円）の水準を求めよ。

(2) (1)のとき、東大病院と上野動物園の排出削減量はそれぞれいくらか。

(3) 「①直接規制」と比較して、「②ボーモル＝オーツ税」の場合に節減される費用はいくらか。

環境経済学講義　*39*

13 自由貿易と環境問題

　貿易自由化の影響が議論されるとき、経済的なメリット・デメリットだけ
に関心が集まりがちですが、本来は環境問題への影響についても十分に議論
を尽くす必要があります。貿易自由化と環境問題とは、実は密接な関わりが
あります。たとえば硝酸態窒素の過剰化問題が代表的な例です。

　食料輸入は外国から日本に栄養素（窒素）を持ち込むということですし、
輸入が増えて国内農業が縮小し、農地や牧草地が減少すると、自然界で窒素
を循環する自浄機能が低下します。現在、日本の農地が適正に循環できる窒
素量の限界は124万トン程度ですが、その2倍近い238万トンもの食料由来の
窒素がすでに環境中に排出されているという推計もあります。このうち約80
万トンが畜産からの排出ですが、日本は家畜飼料の80％を輸入に頼っている
ので、うち64万トンが輸入飼料に由来する窒素ということになります。64万
トンの窒素とは、日本の総人口に近い1.2億人のし尿から出る窒素に匹敵し
ます。それほど大量の窒素が輸入によって国内に入り、環境中に蓄積してい
るのです。

　硝酸態窒素とは、ひとたび水に入り込むと取り除くことが非常に難しい物
質です。下水道処理施設でも、猛毒のアンモニアを硝酸態窒素に変換した後、
窒素分が取り除かれるのではなく、大半が環境中に排出されています。過剰
な窒素は土壌や水系を介して飲用水や野菜などにも入りこみ、人の体内に取
り込まれると、幼児の酸欠症（ブルーベビー症候群）や消化器系ガン、糖尿
病、アトピーとの因果関係も疑われるなど健康への悪影響が指摘されていま
す。また、窒素分の多い牧草を食べた牛が「ポックリ病」と呼ばれる症状で
年間100頭ほど死亡しているとの報告もあります（西尾、2005）。

　乳児の酸欠症は、欧米では40年以上前から大問題になっていて、過剰窒素
との因果関係はすでに認められています。一方で、日本では生のホウレンソ
ウを離乳食として与える時期が遅いので心配ないとか、因果関係が定かでは

ないとの理由で、まだ軽視されているのが現状です。しかし、実は日本でも、窒素濃度の高い井戸水を沸かして溶いた粉ミルクが原因で、乳児が重度の酸欠症状となった例が報告されています（田中他、1996）。また、乳児の突然死の何割かは窒素の過剰摂取による酸欠症が原因だった可能性も疑われ始めています。

　日本ではまだ野菜の窒素濃度の基準値はありませんが、実は日本で流通している野菜の残留硝酸態窒素濃度は、ホウレンソウ3,560ppm、サラダ菜5,360ppm、春菊4,410ppm、ターツァイ5,670ppmなど、いずれもEU（欧州連合）が流通を禁じている基準値（約2,500ppm）を大きく上回っています。WHO（世界保健機関）が発表した許容摂取量との対比でみても、日本人は1〜6歳で2.2倍、7〜14歳で1.6倍の窒素を摂取しているとの試算もあります。これらの事態を日本は重く受け止めて、早急に対処する必要がありそうです。

　窒素問題のほかにも、食料貿易の自由化にともなって増える環境負荷にはいろいろなものがあります。たとえば、水田農業が崩壊すれば、水田に棲むカブトエビ、オタマジャクシ、アキアカネなどが絶滅の危機に瀕して生物多様性が減少します。水田には日本の淡水魚の約3割という多くの種が生息していて、水田にしか住めないカエルや昆虫などの希少種も多数確認されています（農林水産省・環境省、2009）。水田は日本の生物多様性を維持している貴重な環境なのです。

　食料貿易による環境への負荷は地球規模に及びます。その負荷の大きさを、たとえば気候変動に関しては「フード・マイレージ」や「カーボン・フットプリント」、水需給に関しては「バーチャル・ウォーター」といった指標を使って量的に測る取組みも行われています。フード・マイレージとは、輸送にともなうCO_2排出量の指標で、貿易の影響として計算が簡単でわかりやすいことからよく利用されています。一方、カーボン・フットプリントとは原料調達から廃棄・リサイクルに至るまでのモノのライフサイクル全体で見たCO_2排出量の指標です。また、バーチャル・ウォーターとは、もし輸入食料を国内で作った場合に必要な仮想的な水の量を表しています。たとえば、日

本の農業が衰退して食料輸入が増えると、水資源の豊かな日本で農業用水を節約し、水不足が深刻なカリフォルニアやオーストラリアなどの輸出国で水利用が増えることになるので、バーチャル・ウォーターが増加して、世界の水需給がますます逼迫することを意味します。

14 貿易がもたらす環境負荷の試算例

表3は、もし日米間でコメ関税を完全撤廃した場合に、どのような環境負荷がどの程度生じると考えられるのかを筆者らが試算したものです。この試算では、世界は日本とアメリカの2国からなり、両国の生産物はコメのみで、輸送費は無視できるという厳しい仮定を置いています。また、両国のコメ市場の需給関係の設定はつぎのとおりです。

〈日米コメ市場の需給関係の設定〉

・日本のコメ需要関数：$Dj = 1530 - 17P$

・日本のコメ供給関数：$Sj = 155 + 33P$

・アメリカのコメ需要関数：$Dw = 850 - 20P$

・アメリカのコメ供給関数：$Sw = 25 + 40P$

ここで、DjおよびDwはそれぞれ日本とアメリカのコメ需要量（万トン）、

表3 日米間のコメ関税撤廃にともなうコメ自給率および環境への影響試算

	変数	現状	関税撤廃後
日本	食料安全保障の危機		
	コメ自給率（%）	90.7	68.5
	窒素循環機能への負荷増大		
	農地の窒素受入限界量（千トン）	1,237.3	1,152.7
	環境への食料由来窒素供給量（千トン）	2,379.0	2,352.4
	過剰率［窒素総供給/農地受入限界比率］（%）	192.3	204.1
	生物多様性の減少		
	カブトエビの生息（億匹）	44.6	0.7
	オタマジャクシの生息（億匹）	389.9	5.8
	アキアカネの生息（億匹）	3.7	0.1
世界	水需給のアンバランス		
	バーチャル・ウォーター（km²）	3.7	13.5
	温室効果ガス排出増加		
	フード・マイレージ（tkm）	102.3	375.0

資料：筆者らの試算。

環境経済学講義　*43*

SjおよびSwはそれぞれ日本とアメリカのコメ供給量（万トン）、Pはコメ価格（万円/トン）を表しています。このとき、貿易自由化によりコメの関税が完全撤廃された場合を想定して、つぎの①〜⑤の試算を行いました。

① コメ自給率

自由化前における日本のコメ生産量995万トン、需要量1,097.3万トン、および輸入量102.3万トンから、自由化後においては生産量が815万トンに減少し、価格低下によって需要量は1,190万トンに増加し、輸入量は375万トンに増える。したがって日本のコメ自給率は、

・自由化前：995/1097.3×100＝90.7%
・自由化後：815/1190.0×100＝68.5%

と、自由化にともない大幅に低下し、食料安全保障上の不安が高まる。

② 窒素過剰率

日本の農地の窒素受入限界量（Nmax）およびコメ由来の窒素供給量（N）は、織田（2004）の試算によればそれぞれ1,237.3千トンおよび2,379千トン（ただし1997年値）である。これを自由化前の状態と仮定して、自由化後の値については、コメの平均反収532kg/10a、農地の窒素受入限界量250kg/ha、コメのタンパク質含有率6.83%、タンパク質から窒素への変換率16.8%（Shindo et. al., 2003）、稲作に使用される窒素肥料110kg/ha（農林水産省、1999）といったデータを使って計算する。窒素過剰率をN/Nmax（%）とすると、

・自由化前：Nmax＝1,237.3

N＝2,379

N/Nmax＝2379/1237.3×100＝192.3%

・自由化後：Nmax＝1237.3−（995−815）/532×250＝1152.7

N＝2379＋（1190−1097.3）×0.0683/5.95×10−（995−815）/532

×110＝2352.4

N/Nmax＝2352.4/1152.7×100＝204.1%

44

　ここで、自由化後のNmaxについては、日本のコメ生産量の減少分を平均反収532kg/10aで除して農地面積の減少を算出し、それに農地の窒素受入限界量250kg/haを乗じて算出している。自由化後のNについては、米価下落にともなう日本のコメ需要の増加分に、タンパク質含有率6.83%およびタンパク質から窒素への変換率16.8%（＝1/5.95）を乗じて輸入増加分の窒素供給量を算出し、この値から国内の窒素肥料使用量減少分の窒素供給量を差し引いている。ただし、N/Nmaxは分子が環境全体への窒素供給量なのに対して、分母は農地のみの窒素受入限界量なので、本来の窒素過剰率そのものではないが、値が大きくなるほど窒素過剰圧力が強まることを示している。

　なお、国内コメ生産が減ると、稲わらの減少による作物残さの減少分だけ窒素供給量は減少するが、データの制約により考慮していない。また、農地が他産業に転換される場合、その産業活動からの窒素排出は農業よりも多い可能性が高く、その分窒素排出が増える可能性もあるが、これも考慮していない。

③ 生物多様性

　国内の水田に棲む様々な生物の種類や個体数などを調べた「田んぼの生き物調査結果」（農水省・環境省、2009年）のデータを使って、カブトエビ、オタマジャクシ、アキアカネの生息可能数の変化を自由化前後の水田面積の変化にもとづき計算した。

④ バーチャル・ウォーター

　日本ではコメ1トンの生産に約3,600㎥の水が必要（Oki et. al., 2003）なので、仮にコメの輸入量分を日本国内で作る場合に必要となる水の量、すなわちバーチャル・ウォーター（仮想水）は、

・自由化前：102.3×3600＝3.7㎦
・自由化後：375.0×3600＝13.5㎦

となり、自由化後は約3.6倍に増える。これは、水が豊富な日本で農業用水

が節約され、もともと水不足が深刻なアメリカにおいて水需給がますますひっ迫することを意味する。

⑤ フード・マイレージ

フード・マイレージとは、食料輸送量に輸送距離を乗じた値で、単位はtkm（トン・キロメートル）。この値が大きいほど、食料輸送にともなう燃料消費量が多く、CO_2などの排出量が多いことを示唆している。単純化のため日米間の輸送距離を1万km（東京・カリフォルニア間の直線距離が約8,500km）とすると、日米間のコメ貿易のフード・マイレージは、

・自由化前：102.3tkm
・自由化後：375.0tkm

となり、自由化後は4倍近く増加する。

以上のような試算を通じて、農業が自国で営まれることの重要性を量的に分かりやすく示すことができます。ここで試算した指標のほかにも、環境への影響には様々なものがありますし、試算方法もより良い方法が考えられると思いますので、みなさんもアイデアを出してみてください。

なお、農業自体も環境に負荷を与える側面が少なからずあるので、もっと軽減する努力も当然必要です。たとえば、環境中に廃棄している未利用資源（家畜糞尿、食品加工残さ、生ゴミ、作物残さ、草資源など）を肥料や飼料、燃料などとして再利用する割合を高め、輸入飼料や化学肥料を減らしていくことや、青果物に残留する過剰窒素を減らす農法の普及も喫緊の課題です。

15 外部不経済を考慮した貿易自由化の余剰分析

　多くの経済学者が「貿易自由化は輸入国に常に利益をもたらす」という大前提で話をしているのをよく耳にしますが、これは間違った議論です。環境負荷などの外部効果も考慮に入れると、逆に貿易自由化が輸入国に損失をもたらすケースもあるのです。

　このことを検証するため、まずは外部効果を考慮しない場合の貿易自由化の経済的影響を計算し、つぎに外部効果を考慮した場合の影響を計算して比較してみます。

　図9には、前の章の〈日米コメ市場の需給関係の設定〉と同じ関係式を用いて、日米のコメ市場の状態を簡略的に描いています。ここで、日本が輸入禁止的な高関税などによりコメ輸入量をゼロにしているとき、日本の需要曲線Djと供給曲線Sjとの交点で需給が一致し、国内価格27.5万円、国内生産量

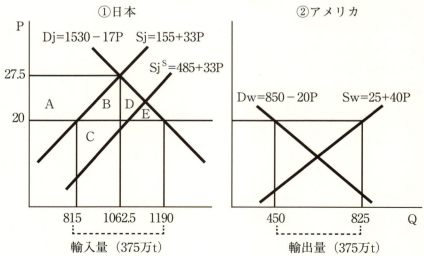

図9　日米間のコメ貿易自由化

環境経済学講義　　*47*

1,062.5万トンで市場均衡が成立します。

　つぎに、完全な自由貿易へと転換すると、アメリカでの供給超過分が日本への輸出量であり、日本では国内生産が需要に足りていない分が輸入量なので、輸出量と輸入量とが等しくなる点で輸入価格が決まります。すなわち均衡条件Dj＋Dw＝Sj＋Swにより、輸入価格は20万円、日本の国内生産量は815万トンまで減少します。

　以上のように、コメの輸入がもともとゼロの状態から、完全自由化へと転換した場合に、経済厚生の変化はどうなるでしょうか。まず、日本の消費者にとってはコメをより安く買えて需要量が増えるので、**図9**の台形A＋B＋D＋Eの面積分だけ消費者余剰が増えます。一方、日本の生産者にとってはコメ価格の下落により生産量が減るので、台形Aの面積分だけ生産者余剰が減少します。すると、消費者余剰の増加分から生産者余剰の減少分を差し引いて、日本全体の経済的利益（総余剰）は三角形B＋D＋Eの面積分だけ増加します。これが、貿易自由化による輸入国の経済的利益です。

　つぎに、環境問題を考慮すると経済厚生はどう変わるでしょうか。国内でコメを生産することによる環境へのプラスの効果（外部経済）を金額換算し、生産者に給付金などで支払うケースを想定すると、給付金の額を副産物価額のように生産者のコストから差し引けるので、供給曲線はSjよりも下方にシフトします。ここでは**図9**の①に描いているように、$Sj^S = 485 + 33P$にシフトすると仮定しましょう。

　この場合、貿易自由化によって日本のコメ生産量が1,062.5万から815万トンまで減少すると、消費者余剰は先ほどと同様に、台形A＋B＋D＋Eの面積分増えます。一方、生産者余剰はA＋B＋Cの部分が失われますが、このうちAの部分は生産者の経済的利益の減少分であり、残り（B＋C）が外部経済の減少分です。

　そして、外部効果を考慮した場合の総余剰の変化は、消費者余剰と生産者余剰の変化分を足し算するとD＋E－Cの部分の面積となります。この値は正と負どちらの可能性もあって、もし正の値ならば貿易自由化は日本社会に

利益をもたらしますが、逆に負の値ならば貿易自由化は損失をもたらすことを意味します。

　以上の議論は、「貿易を自由化すれば必ず輸入国の利益になる」とか、「貿易自由化は世界の経済厚生を必ず高める」といった、経済学の常識のように言われている主張が、実は間違いであることを証明しています。環境問題などの外部効果も考慮すれば、貿易自由化は輸入国に損失になることもあるのです。にもかかわらず、貿易額やGDPが増えるという経済利益だけに注目して、過度の自由化へとまい進すれば、環境問題や人々の健康をめぐって取り返しのつかないダメージを日本全体にもたらすかもしれません。

　以上の議論をふまえて課題4を解いてください。

　ただし、課題4の2．は、「経済学の常識のように言われる主張が、実は間違っていることもある」という先ほどの話に関連する応用課題です。2．の設問はすべて外部効果を考慮しない余剰分析なので、環境問題から少し逸れる部分となりますが、学習のポイントは2つあります。1つめは「外部効果を無視して経済的影響だけで評価しても、貿易自由化が常に輸入国の利益になるとは限らない」ことの検証です。とくに輸出補助金に対する「完全な」相殺関税が設定される場合には、貿易自由化が行われると、輸入国の経済厚生は「必ず」悪化します。2つめのポイントは、「農業保護は関税よりも経済的損失の少ない直接支払いに移行すべきという主張は、必ずしも正しくない」ことの検証です。実は、直接支払いの方が経済的損失が少なくなるのは「小国の仮定」（輸入が増えても国際価格は上昇しないという仮定）が成立する場合に限られていて、実際には輸入が増えると価格は上昇し、小国の仮定が成立することはほとんどありません。したがって、逆に直接支払いの方が損失が大きくなるケースも出てくるのです。以上のことを設問を解きながら確認してください。

環境経済学講義　*49*

＊＊
課題4
- -

1．**図9**のB＋C（外部経済の純損失）、およびD＋E－C（外部経済を内部化
　したときの総余剰の変化）はそれぞれ何億円か。計算過程も示して金額
　を求め、この貿易自由化は日本社会にとってメリットかデメリットかを
　確認せよ。

2．15章の議論は、もともとコメ貿易がゼロの状態から完全な自由貿易へと
　転換する極端な政策シナリオを前提としていたが、シナリオが違っても
　同じ結論を導けるだろうか。ここでは、すでにコメ貿易がいくらかある
　状態から出発して、いくつかの異なる政策シナリオで再検討してみる。
　以下の各設問に答えよ。

(1) 日本が輸入価格20万円でコメを輸入している状態から、新たに輸入関税11
　　万円/トンを導入すると、日米のコメ市場の需給関係が、
　　・日本のコメ需要関数　　　　$Dj = 1530 - 17（P + 11）$
　　・日本のコメ供給関数　　　　$Sj = 155 + 33（P + 11）$
　　・アメリカのコメ需要関数　$Dw = 850 - 20P$
　　・アメリカのコメ供給関数　$Sw = 25 + 40P$
　　・需給均衡条件　　　　　　　$Dj + Dw = Sj + Sw$
　　となるとき、均衡価格および関税込み輸入価格を計算せよ。また、この
　　ときの日本のコメ生産量、需要量、および関税収入の金額をそれぞれ求
　　めよ。

(2) (1)の輸入関税の導入前と後における日本の消費者余剰、生産者余剰、関
　　税収入、および総余剰それぞれの変化について、**図10**のA ～ Eの図形を
　　組み合わせて示せ。また、それぞれの金額を求め、この貿易自由化は日
　　本社会にとってメリットかデメリットかを確認せよ。

(3) 日本が輸入価格20万円でコメを輸入している状態から、アメリカが輸出補
　　助金11万円/トンを導入し、日本がこれを完全に相殺する輸入関税11万円
　　/トンを課した場合、日米のコメ市場の需給関係が、

・日本のコメ需要関数 $Dj = 1530 - 17\,(P + 11)$

・日本のコメ供給関数 $Sj = 155 + 33\,(P + 11)$

・アメリカのコメ需要関数 $Dw = 850 - 20\,(P + 11)$

・アメリカのコメ供給関数 $Sw = 25 + 40\,(P + 11)$

・需給均衡条件 $Dj + Dw = Sj + Sw$

となるとき、均衡価格、関税込み輸入価格（日本の国内価格）、および輸出補助金込みの輸出価格（アメリカの国内価格）を計算せよ。また、アメリカ政府の輸出補助金の財政負担、および日本政府の関税収入の金額（**図11**のグレーの長方形の面積）を求めよ。

(4) (3)の状態から、両国の措置が撤廃された場合の両国の国内価格を求めよ。また、余剰の変化を計算し、この貿易自由化は日本にとってメリットになるか否か、また世界全体（日米の合計）ではメリットになるか否かを議論せよ。

(5) 日本が輸入関税11万円/トンを課している状態から、輸入関税を撤廃する代わりに直接支払いを導入したときの余剰分析を行う。ただし、直接支払いの金額は、関税撤廃前と同じ価格が維持される水準に設定されるとする。この場合、各余剰の変化は**図10**の図形を組み合わせて、

・日本の消費者余剰の変化 $A + B + C + D$

・日本の生産者余剰の変化 0

・日本の政府余剰の変化 $-(A + B + C + E)$

・日本の総余剰の変化 $D - E$

の面積に相当し、もしD−Eが正の値ならば関税よりも直接支払いに移行する方が有利で、D−Eが負の値ならば関税の方が有利となる。以上を参考に、直接支払いと関税どちらが有利かを計算して答えよ。また、政府余剰の変化のうち、関税収入の喪失分はC+E、直接支払いの費用負担（財政支出）はA+Bの部分となる。つまり、この直接支払いによって生産者は、関税撤廃によって喪失するAの部分を補てんされるだけでなく、Bの補てんを追加的に受けることになる。この財政支出は可能かどうか議論せよ。

環境経済学講義 *51*

図10 日米間のコメ貿易自由化

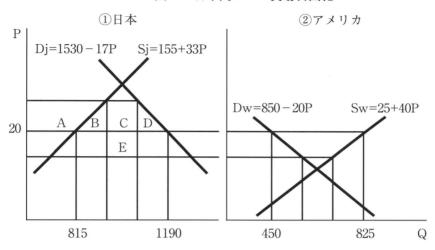

図11 日米間のコメ貿易自由化

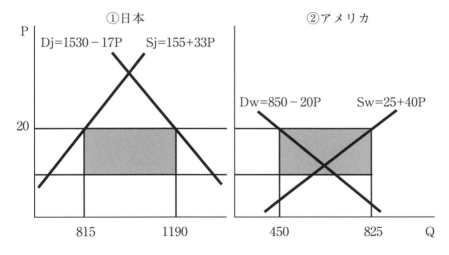

【応用編】

16　外部不経済と競争政策の逆説的関係

　ここからは応用編です。まず、市場の競争状態と外部効果との関係性について少し踏み込んだ話を展開します。「外部不経済を考慮すれば、競争政策を発動せず不完全競争の状態を維持する方が、経済厚生の観点から社会的に望ましいケースもある」という話ですが、図12を見てください。
　需要曲線は生産者からすると平均収入であり、完全競争市場の下では価格は一定だとみんなが考えているので、平均収入は限界収入に等しくなります。すると、外部不経済を考慮しなければ、需要曲線と私的限界費用PMCとの交点Cで生産が行われますが、外部不経済を考慮すれば、被害防止費用を加えた社会的限界費用SMCはPMCよりも上の方に描かれ、A点で生産が行われます。この場合、外部不経済を考慮しないときと比べて三角形ACDの部分の社会的損失が取り除かれます。
　今度は不完全競争のケースを考えてみましょう。このとき生産者は価格を

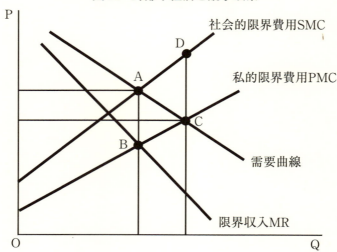

図12　外部不経済と競争政策

常に一定だとは考えず、自分が供給量を増やせば価格が下がるという本来の価格反応をちゃんと認識しています。すなわち、平均収入と限界収入とはイコールではなく、もう1単位生産を増やせば価格が下がると認識しているわけですから、限界収入の線は平均収入の線よりも下方に来ます。どれだけ下かというと、需要曲線の傾きをちょうど2倍にすると、限界収入の線になります。これを簡単な数式の例で確かめてみましょう。

たとえば需要曲線が$D = 1530 - 17P$のとき、限界収入をどう導くかというと、価格Pは平均収入AR（Average revenue）に等しく$P = AR$なので、平均収入は$AR = 90 - (1/17)D$、すると総収入TR（Total revenue）は平均収入ARに需要量Dをかけあわせて$TR = 90D - (1/17)D^2$です。限界収入MRは追加1単位当たり増える収入ですから、総収入TRを微分して$MR = 90 - (2/17)D$。つまり、需要曲線のちょうど2倍の傾きの線が限界収入の線になることがわかります。

したがって、不完全競争市場において、企業の限界収入（集計レベル）が**図12**のMRのように位置する場合、生産はB点で行われます。このとき、ピグー税などの環境政策を用いなくとも、競争政策を発動せずに不完全競争状態のまま放置していれば三角形ACDの社会的ロスは解消されています。これは、不完全競争の状態を容認しても、社会的に望ましい結果が得られる場合もあるという意味で逆説的です。ただし、この場合は企業が汚染除去費用を一切負担していないという問題が残ります。

17 ISDS条項の異常性

　図12のような外部不経済と競争政策との関係性は、ISDS（Investor state dispute settlement＝投資家対国家紛争処理）条項をめぐる問題を考えるうえでも役立ちます。

　ISDS条項とは、TPP（環太平洋パートナーシップ）協定をアメリカと日本を含む12カ国で結ぼうと協議していた中で出てきたもので、外国の投資家と投資受入国との間のトラブル解決方法に関する条項です。もしISDS条項がそのまま協定の中に入れられると、もしグローバル企業が日本で工場を操業して公害を引き起こした場合に、公害防止のために日本がその工場に規制をかけようとすると、グローバル企業は国際司法裁判所に訴えて日本に損害賠償を請求したり、その規制をやめさせることも可能になります。そのような理不尽な方法でグローバル企業の利益を守るのがISDS条項です。

　先ほどの**図12**に戻ると、外部不経済を考慮した最適生産量は、完全競争の場合には需要曲線と社会的限界費用SMCとの交点Aで決まりますが、不完全競争の場合は限界収入MRと私的限界費用PMCとの交点Bまで生産を抑制すれば利潤最大化できるので、SMCの線を正しく認識していなくても、認識している場合と同じ生産量が実現されるという説明をしました。つまり、外部不経済がある場合でも、ピグー税を使わずに社会的な最適生産量を実現できるケースは存在します。

　ただし、ここで問題なのは、不完全競争の場合は汚染防止費用を誰も支払っていないという点です。不完全競争下の企業は汚染問題など考えず、ただ自分の利潤最大化問題だけを考えていたら、たまたま社会的に最適な供給量と一致しただけだからです。このとき、ピグー税などを徴収すれば汚染防止対策が行われますが、ISDS条項があると、国際法廷に訴えられて逆に損害賠償を求められる可能性があるのです。

　ISDS条項は、アメリカのグローバル企業がTPPにどうしても入れたいと

環境経済学講義　　*57*

主張して日本に働きかけ、それに盲目的に追従する日本とアメリカの2国が主な推進派でした。また、当時は日本の経済学者や法律学者にもISDS条項に賛成する人が多くいたのです。

　他方、日米以外の多くの国はISDS条項には当初から反対の立場をとっていました。まず猛烈に反対したのはオーストラリアです。オーストラリアはタバコの健康被害を抑止するために、タバコのパッケージに健康警告表示を入れようとしましたが、フィリップモリス社から別の協定を通じて訴えられてしまいました。EUは、アメリカとのFTA交渉でISDS条項を入れようという話が出たとき、市民に開示して検討したところ全く受け入れられず、日本とEUとがEPA（経済連携協定）を交渉する頃にはISDS条項を「死んだもの」（マルムストローム欧州委員の発言）と言って拒否しました。

　実際に、アメリカとカナダ、メキシコ間のNAFTA（北米自由貿易協定）での訴訟事例を見ても、企業側が勝訴（和解を含む）したのはアメリカの企業12件だけ（2017年3月現在）で、国際法廷の判決はアメリカの企業に有利だという疑惑もあります。世界的にもISDS条項の問題点はここ数年で強く認識されており、貿易・投資協定からISDSを削除する動きが起こっています。

　さらに、TPPでISDS条項を推進しようと口火を切った張本人のアメリカが、NAFTAの再交渉においてはISDS条項を否定する立場に転換しました。連邦裁判所ではなく国際法廷が裁くのは「国家主権の侵害」だとして、アメリカ自身が「選択制」を提案したのです。選択制とは、訴訟に際して国際法廷で裁く（ISDSを使う）か国内法廷で裁くかを各国が選択できる制度で、アメリカはISDSを使わず国内法廷で裁くと宣言、一方のカナダとメキシコは、そもそもISDSの削除を求めていたので当然ISDSを使いません。つまり、アメリカが提案した選択制は、ISDSを実質的に否定したことになります。最終的に、米加間でISDSは完全削除、米墨間でも対象を制限したものとなりました。

　TPP協定については結局、アメリカ国内の世論で「賃金が下がり失業も増える」「食の安全が脅かされる」などと反対する世論が圧倒的に高まったため、

58

トランプ氏に限らず大統領候補全員がTPP反対の立場をとらざるを得なくなりました。その結果アメリカ抜きで妥結されたTPP11では、ISDS条項の投資の部分がアメリカへの忖度で中途半端に凍結され、理不尽な訴訟が起こる危険性はかなり制限されたものの、全く起こらないとも言いきれません。そもそも米国がISDSを使わないと宣言した以上、TPP11で残す必要はなくなっているのに、日本はアメリカにハシゴを外されてもなお「死に体」のISDSに固執して国際的に孤立しているのが現状です。

　以上の議論を踏まえて課題5を解いてみてください。

環境経済学講義　*59*

課題5

　ある国の農薬製造業の生産活動は環境を汚染しており外部不経済が存在している。このとき、価格をP、数量をQとし、農薬製造業の私的費用関数が$PC(Q) = \frac{1}{10} Q^2 + 4Q$、社会的費用関数が$SC(Q) = \frac{1}{10}Q^2 + 49Q$、農家の農薬に対する需要関数が$Q = -4P + 520$となるとき、以下の問いに答えよ。計算が必要な問いは計算過程も示すこと。

(1) 農薬製造業が本来認識すべき限界汚染費用（農薬を追加的に1単位生産するときの汚染除去に必要な追加費用）を求めよ。

(2) 農薬製造業が市場支配力（販売価格を限界費用より高く設定する能力）をもたず、私的費用関数をもとに生産しているとき、市場均衡における社会的余剰を求めよ。その際、消費者余剰、生産者余剰、および外部費用についても計算結果を示すこと。ただし、ここでいう消費者とは農薬を使う農家である（以下同様）。

(3) 農薬製造業が市場支配力をもたず、社会的費用関数をもとに生産しているとき、市場均衡における社会的余剰を求めよ。それは（2）に比べてどのように変化するか説明せよ。

(4) 環境問題に取り組む政府が、（1）で求めた限界汚染費用と同額の従量税を農薬製造業に課したとき、市場均衡における政府の税収を求めよ。

(5) （4）のとき、（2）と比較して社会的余剰はどのように変化するか説明せよ。

(6) 農薬製造業が1社によって独占されている場合の独占価格および生産量を求めよ。また、その際の消費者余剰、生産者余剰、外部費用、社会的余剰をそれぞれ求めよ。

(7) 汚染除去費用の負担と汚染防止の観点から、（2）（4）（6）の均衡を比較して評価せよ。

(8) （7）と関連付けてISDS条項を論評せよ。

〈課題5の解答例〉（**図13**を参照せよ）

(1) 私的限界費用　$PMC(Q) = \frac{\partial c(Q)}{\partial Q} = \frac{\partial}{\partial Q}\left(\frac{1}{10}Q^2 + 4Q\right) = \frac{1}{5}Q + 4$

　　社会的限界費用　$SMC(Q) = \frac{\partial sc(Q)}{\partial Q} = \frac{\partial}{\partial Q}\left(\frac{1}{10}Q^2 + 49Q\right) = \frac{1}{5}Q + 49$

　　限界汚染費用　$MEC(Q) = SMC - PMC = 45$　…（答）

(2) 需要関数 $Q = -4P + 520 \Leftrightarrow P = 130 - \frac{1}{4}Q$、

　　市場支配力をもたないので、P＝AR＝PMCとなるG点が市場均衡点なので、
　　消費者余剰は三角形ACGの面積　$1/2 \times 280 \times (130 - 60) = 9800$　…①
　　生産者余剰は三角形CEGの面積　$1/2 \times 280 \times (60 - 4) = 7840$　…②
　　外部費用は四角形DEHGの面積　$(49 - 4) \times 280 = 12600$　…③
　　社会的余剰は①＋②－③＝$9800 + 7840 - 12600 = 5040$　…（答）

(3) 市場均衡点はAR＝SMCとなるI点なので、
　　消費者余剰は三角形ABIの面積　$1/2 \times 180 \times (130 - 85) = 4050$　…④
　　生産者余剰は三角形BDIの面積　$1/2 \times 180 \times (85 - 49) = 3240$　…⑤
　　外部費用は0（汚染費用は内部化されている）…⑥
　　社会的余剰は④＋⑤－⑥＝$4050 + 3240 - 0 = 7290$　…（答）
　　(2)に比べて消費者余剰、生産者余剰ともに小さいが、外部費用が0のため、
　　社会的余剰は三角形HIGの分だけ大きくなる。

(4) 均衡点は（3）と同じくI点なので、
　　政府税収は四角形DEFIの面積$45 \times 180 = 8100$　…（答）

(5) 汚染費用と税収は完全に相殺されるので、
　　社会的余剰は④＋⑤＝7290
　　これは（2）の社会的余剰5040よりも三角形HIGの分だけ大きい。　…（答）

(6) 独占価格をP'とすると、需要関数 $Q = -4P' + 520 \Leftrightarrow P' = 130 - \frac{1}{4}Q$、
　　限界収入 $MR = \frac{\partial P}{\partial Q}(P' \times Q) = \frac{\partial P}{\partial Q}\left(130 - \frac{1}{4}Q\right)Q = 130 - \frac{1}{2}Q$、
　　汚染費用を認識していない独占企業の利潤最大化条件 $MR = PMC$ より、

環境経済学講義   61

$130 - \frac{1}{2}Q = \frac{1}{5}Q + 4$ ∴ $Q = 180$, $P' = 85$ …（答）
消費者余剰は三角形ABIの面積 4050 …⑦
生産者余剰は台形BFEIの面積 $1/2 \times 180 \times \{(85-4)+(85-40)\} = 11340$
　　　　　　　　　　　　　　　　　　　　　　　　　　　　　　　　　　…⑧
外部費用は四角形DEFIの面積 8100 …⑨
社会的余剰は⑦+⑧-⑨＝4050+11340-8100＝7290 …（答）

(7) (2)では消費者（農家）が汚染除去費用を負担しなければならず、その分生産者（農薬製造業）が余剰を得ている。また、(4)や(6)に比べて三角形HIGの分だけ過大な汚染除去費用が必要となる。これと比較して、(4)と(6)は社会的余剰を最大化できる点で(2)よりも高く評価できる。ただし、(4)では政府の税収を使って汚染被害が除去されるが、(6)では汚染被害が残り、生産者は(4)の税額分を丸もうけにできるという不公正が生じている。

(8) 外国籍の独占企業が日本に来て環境を汚染している場合、この独占企業にとって丸もうけになっている本来負担すべき汚染除去費用は四角形DEFIであるが、この分を負担させるような規制を日本政府が導入すると、ISDS条項がある場合には、国際法廷に訴えられて規制撤廃や損害賠償を求められるおそれがあり、国民の安全を守るための規制も機能しなくなってしまう。…（答）

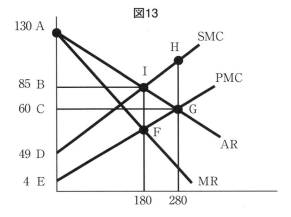

18 なぜ農業に汚染者負担原則が適用されないのか

「汚染者負担原則」（PPP：Polluter Pays Principle）とは、環境汚染により発生する社会的コストは汚染者自身が負担すべきという考え方です。もともとは、外部効果の取扱いが国によって違うと国際競争上の不公平が生じるので、これを是正しようということで、1972年の経済協力開発機構（OECD）の理事会勧告で提唱されたのがPPPの始まりです。つまり、環境汚染についてはどの国も直接規制やピグー税などで汚染者自身のコストに反映させるべきだというのがPPPです。

しかし、農業分野で環境汚染がある場合、そのコストを農家にすべて負担させるようなかたちでのPPP適用例は世界的にもあまりなく、補助金などで対策を誘導する措置がとられるのが一般的です。それはなぜかというと、いろいろな説明が試みられています。たとえば、昔から農家が生産活動をしていた土地に、後から住民が入ってきたのだから、周辺環境やコモンズの優先的使用権は農家側にあるという説明がその一つです。しかし、先行優先という基準だけでは十分な回答とは言えません。

そこで、経済学的に説明するならば、ポイントはコストの比較にあると思います。たとえば水源地に畜産農家があり、そこで適切な糞尿処理をして窒素分の河川流出を防ぐコストと、糞尿処理をせずに川に流し、下流の都市部の水際に浄化フィルターを設置する場合のコストとを比べると、前者の農家段階での流出防止の方がはるかに低コストで実現できるので、農家に対策を実施してもらうための支援金を住民が支払うという取引が成立するという説明です。住民から農家への支援金は税金から支出するので、補助金が支払われるのと同じですから、この場合は取引成立というより、財政支出に対して住民のコンセンサスを得られるという意味になります。

このような農家と住民との取引は、排出削減取引の一種だと整理されることがありますが、それは違います。排出権取引とは「加害者同士の取引」で

すが、農家と住民の取引は「被害者と加害者の取引」なので、コースの定理の活用例だと考えるのが妥当です。

　なお、コースの定理を説明するテキストで、「コースの定理は取引費用を考えると現実にはほとんど使われていない」、つまり机上の空論だと書いてあるものがありますが、実はそうではありません。農家段階で汚染の流出を防ぐ費用は比較的安いが、都市部での水際対策には莫大な費用がかかるので、取引費用を吸収できるだけの大きな格差があれば、コースの定理は実際に成立する理論となります。

　このように、農家段階での対策費用の安さが、農業においてPPPがあまり適用されない理由だと整理できます。

19 ニューヨーク市の水源地畜産助成策にみる 環境政策の考え方

　水質保全はアメリカの畜産環境政策における最優先課題の1つです。1993年にはミルウォーキー市において病原性微生物クリプトスポリジウムに汚染された水道水が原因で約400人も死亡した事件があったので、それ以降、家畜糞尿の処理については非常に厳しい目が向けられているのです。

　とくにニューヨーク市の水源地を守る政策は有名です。アメリカの環境政策の基本的考え方がよくわかるということで、世界各国から多くの視察がある事例なので、以下で詳しく見ていきましょう。

　ニューヨーク市の飲用水の90%は、北部のキャッツキル/デラウエア地域を水源にしており、この地域には酪農を中心とする500戸以上の畜産農家と90戸の園芸等農家があります。一方、残り10%の飲用水は、ニューヨーク市に近くて都市的開発の進んだクロトン水源地から来ていますが、こちらはすでに深刻な水質汚染のため、都市部の水際で汚染を除去するフィルターの設置を余儀なくされています。この水際対策の費用と、水源地での流出防止費用を農家に助成するのとでは、どちらが安いのかを基準に政策を選択した結果、後者の助成金を採用したのがニューヨーク市の政策です。

　そもそもニューヨーク市と水源地農業地帯との確執は歴史が長く、北部水源地を規制する権利を市に付与するという1906年の州法成立に端を発しています。その後最大の衝突は、1986年に成立した連邦飲用水保全法で「適切な水源管理計画がない場合は市がフィルターを設置しなくてはならない」と規定されたことにより勃発しました。フィルターの設置には50～80億ドルという巨額の建設費に加えて年間200万～500万ドルの維持費がかかるので、ニューヨーク市はフィルター設置を回避するために、1990年に水源地農業地帯に対する厳しい規制案を提示したのです。それは牧場の水が水系に流出す

ることを禁止し、牧場が立地可能な水系からの距離を規定したもので、もしそのまま適用されれば多くの農家が移転や廃業を余儀なくされる内容でした。

しかし、農家側の猛反発を受けて、州の仲介で農家と市側が参加する特別作業委員会が設置され、両者で話し合う中で、原案のような厳しい規制はキャッツキル/デラウエア地域の農業をほぼ壊滅させることと、そうなった場合に予想される代替的土地利用は環境をもっと悪化させ、結局はフィルター設置を不可避にすることが確認されました。それは、もっと市に近いクロトン水源地がたどった歴史からも容易に予測できることでした。そこで、農業は確かに汚染源ではあるが、他の代替的土地利用に比べると環境保全上好ましく、保護されるべき土地利用であるという認識で合意に至ったのです。

一方、発生源で汚染を防止する糞尿処理・堆肥化などへの農家助成金は総額40.2百万ドル、一戸当たり7.5万ドルとなり、フィルターにかかる費用よりもはるかに低コストで、いろいろな交渉費用を差し引いても安いことは明らかです。こうして、厳しい規制ではなく、市の財源による農家助成によって解決されることになりました。これは被害者と加害者の間の取引であり、コースの定理が想定した状況が実現可能だという実例です。コースの定理が実際には役に立たない机上の空論だと指摘する人もありますが、それが間違いだということも以上の議論からわかります。

ここで重要なのは、「農家廃業後に予想される都市的土地利用に比べれば、農業の方が環境保全的産業である」という理解と、「フィルター設置費用に比べれば、農家助成の方がはるかに安い」という条件です。この2点によって、農業にPPPを適用しないことの論拠とともに、コースの定理の実現可能性が担保されます。

なお、排出削減取引についても、11章で説明したオンタリオ湖周辺の農家群とビール工場の例で、ビール工場での排出削減には大きな費用がかかるが、農家での削減費用はかなり小さいので、農家のクレジットをビール工場が買う取引が成立するという話をしました。この取引は加害者同士の取引なので、コースの定理とは違いますが、排出削減取引でもコースの定理でも、農家段

階で対策をとるコストがかなり安いことが取引成立の重要な条件であること
は共通しています。

環境経済学講義　*67*

20 **外部経済と外部不経済の境界線**
〜クロス・コンプライアンスの適用例

　以上の議論にも関連して、「農業は環境にプラスなのかマイナスなのか」を改めて考えてみる必要があります。

　とくに欧米諸国では大規模経営が多いことも関係していますが、肥料や農薬、家畜の糞尿による土壌や水源の汚染問題を筆頭に、農業がもたらす環境負荷がよく議論になります。他方で、農業には水源かん養、洪水防止、生物多様性維持などいろいろな「多面的機能」があり、環境へのプラスの影響も高く評価されています。

　ここで、外部経済と外部不経済との「境界線」について考えてみましょう。たとえば、農薬使用は環境汚染などの外部不経済を生む代表的な要素であり、なるべく削減する努力が求められます。しかし、完全に削減して無農薬栽培になると、そう簡単にできることではないので、それは農家の大きな努力から生み出される消費者への「安心・安全」の提供、すなわち外部経済として評価できるのではないでしょうか。

　欧米では外部経済と外部不経済の境界線がつぎのように整理されています。たとえばEUの農業環境政策には「農業環境規範」といって、施肥体系や農薬量などには当然この水準までは農家の自己責任で達成すべきとする基準値があり、そこまでは農家負担で達成させて、もしそれが達成できなければ他の補助金が受けられなくなるかたちで一種の義務とされています。これを「クロス・コンプライアンス」と呼びます。環境政策の基準値や要件を満たしていないと、環境に関係のない他の補助金も受け取れないので、義務が交差しているイメージで、クロス・コンプライアンスというわけです。これに加え、農業環境規範の基準値を上回る環境保全の努力については外部経済として評価し、農家に「環境支払い」が支払われます。このような方法で、農業にお

68

ける外部経済と外部不経済とが整理され、補助金か規制かが使い分けられています。

　農業には、環境を汚染する外部不経済の側面と、美しい農村風景や生物多様性を維持したりする外部経済の側面とがあります。農業は環境に対してプラスかマイナスどちらかではなく、両方の側面をもっているわけですが、環境にプラスの影響を与える側面が他産業に比べて大きいという点は、農業の一つの特殊性と言えるでしょう。

　しかし、プラスの影響を与えていても、農家がその対価を受け取る機会は実際にはほとんどないので、私的限界費用と社会的限界費用とは大きく乖離しています。この乖離状態を何らかの政策によって解消しなければ、市場の失敗を招いて社会的ロスが生じたり、農業の本当の持続可能性も担保されないおそれがあるのです。

21 排出削減取引と補助金を組み合わせた環境保全型農業の推進

　アメリカで実際に行われている「カーボン・オフセット」という取組みについて説明します。カーボン・オフセットと排出削減取引とは同じようなものですが、違いは、排出削減取引が全体的な規制や目標値がある中での削減量の取引であるのに対して、カーボン・オフセットとはそもそも規制がない中での自主的な削減量取引、というように使い分ける場合が多いようです。

　アメリカでは、たとえば不耕起栽培などを行うと貯留できるCO_2の量（排出権）をシカゴ気候取引所（CCX＝Chicago Climate Exchange）で販売し、農家が副産物収入を得ることができます。農業の追加的な排出削減コストは、他産業のそれと比べて非常に安いことが多いので、農家の削減分（クレジット）を電力会社などの企業が購入するカーボン・オフセット取引が成立します。

　具体的にどのように取引が行われているか、不耕起栽培の事例で見ていきます。不耕起栽培はCO_2が土の中に貯め込まれて排出量が削減されるので、環境にやさしい農法と認定されていますが、単収が大きく減る可能性があります。東大農学部の越智恵子さんの卒論によれば、600エーカー（243ha）のトウモロコシの圃場実験で、通常の耕起栽培と不耕起栽培とを比べると、1エーカー当たり生産コストはそれぞれ268.21ドル、180.77ドルとなり、不耕起栽培の方が耕さない分だけ低コストになりますが、単収は耕起栽培5トンに対して不耕起栽培は4トンに減少します。トウモロコシ価格が単位当たり100ドルだとすると、エーカー当たりの販売収入は耕起栽培500ドル、不耕起栽培400ドルですから、ここからコストを差し引いた利潤は、耕起栽培231.79ドルに対して不耕起栽培219.23と、12.56ドル減ってしまいます。この12.56ドルを、不耕起栽培への転換によるエーカー当たりの「機会費用」（失

70

われる利益）と考えることができます。

　一方、CCXで取引を行う際、不耕起栽培によって貯留できるCO_2量をその都度実測するのは難しいので、エーカー当たり年間0.6トン前後（地域により異なる）というのが「デフォルト値」として設定されており、これを基準に取引が行われてクレジット価格が決められています。

　しかし、実際のクレジット価格は最も高い2008年でも7ドル/トンだったので、この水準で換算すると、クレジット販売収入はエーカー当たり最高4.2ドルとなります。すると、不耕起栽培に転換する機会費用が12.56ドルならば、最も高値で評価しても、カーボン・オフセットの収入だけでは不耕起栽培に転換するメリットはありません。ただし、アメリカでは環境に配慮した営農活動には別の補助金も支払われているため、様々な補助金を合わせた総合的な収益によって経営判断がなされています。

　なお、環境保全型農業に関する政策を、「EUは補助金で、アメリカはCCXのような民間取引で推進している」と整理されることがありますが、実際にはEUもアメリカも両方を使っています。補助金と民間取引のどちらに重きを置いているかという意味ではそのとおりですが、決してどちらか1つではないことに注意が必要です。

22 環境政策における妥当な補助金額の算定
〜日本の畜産補助事業の事例

　日本においても農業分野でのカーボン・オフセット導入事業が進みつつあります。たとえば、施設園芸では暖房設備をボイラーからヒートポンプに切り替えると削減できるCO_2が取引されています。ただし、ヒートポンプの導入に補助金が50％支給されている場合には、削減量の50％しか取引できないといった相殺規定があり、それが農家にとっては取引に参加する障害となっています。

　図14に例示したように、外部効果を内部化する策としてカーボン・オフセット取引で収入を得ても、まだコストを賄えない部分がある場合には、政府

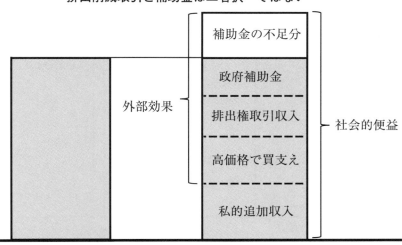

図14　外部効果を内部化するために必要な支援額
〜排出削減取引と補助金は二者択一ではない〜

表５　環境保全型畜産確立対策事業の費用対効果の事例

項目		計算式	単位	数値
総事業費（総費用）		①	千円	61,320
	うち自己負担	②	千円	21,462
年総効果額		③	千円/年	49,541
	うち内部効果（堆肥販売収入）	④	千円/年	1,275
廃用損失額		⑤	千円	0
総合耐用年数		⑥	年	15
還元率		⑦		0.0996
総効果額の現在割引価値(－廃用損失額)		⑧=③/⑦-⑤	千円	497,400
	うち内部効果（堆肥販売収入）	⑨=④/⑦-⑤	千円	12,801
補助金	実際の金額	①－②	千円	39,858
	本来必要な金額	①－⑨	千円	48,519

資料：筆者による試算結果。

図15　表５の試算結果

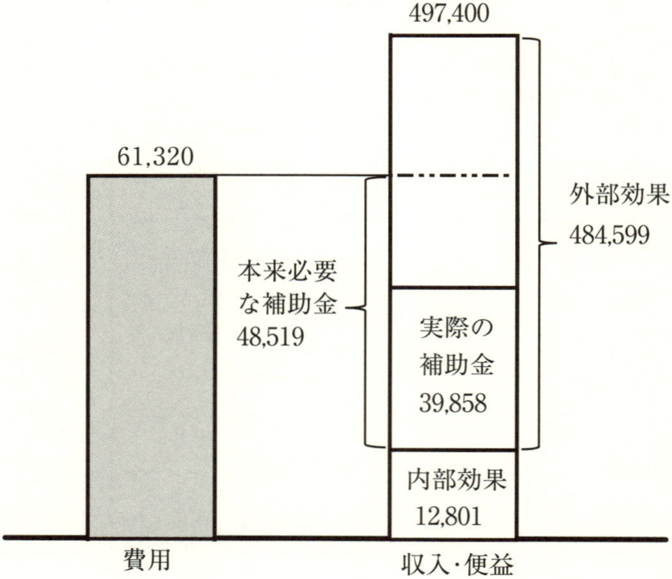

環境経済学講義　*73*

が補助金によって支えなければ外部効果は十分に内部化されません。排出削減取引をすれば必ず補助金を減額するというルールは必ずしも適切ではなく、両方を支払うべきケースも当然出てくるわけです。

　なお、農業の外部効果を適切に評価した場合に必要な補助金額の算定事例をご紹介しておきます。**表5**は、日本の「環境保全型畜産確立対策事業」に関する試算例です。この表では、同事業の直接的効果である堆肥販売収入（内部効果）に加えて、水質浄化機能、悪臭防止機能などの外部効果を算入した総効果額（現在割引価値）を総費用と比較して、赤字部分を埋めるために必要な補助金額を計算しています。**図15**に試算結果を図解していますが、総費用61,320千円のうち、堆肥販売収入（内部効果）12,801千円では賄えない分の48,519千円が本来必要な補助金の額であり、実際に支払われている補助金39,858千円では8,661千円不足しています。

23 バイオ燃料推進の環境経済的評価

　バイオ燃料の生産や利用は、経済的にもうけが出てビジネスとして成立しなければ普及しません。とくに密接な代替財であるガソリン価格との比較で、生産コストがかなり安く抑えられなければ、バイオ燃料は需要を失ってしまいます。

　一方、バイオ燃料の推進には、経済的な理由だけではない様々な意義があります。たとえば近年のバイオ燃料ブームの背景には、①原油価格高騰による代替エネルギーの必要性、②中東の石油依存からの脱却、③温室効果ガス（GHG）排出削減の取組み、④穀物の過剰在庫処理の必要性、④バイオ燃料事業による雇用創出・地域振興への期待、などがあると言われています。これらの要因の中には外部効果と考えられるものもあり、その価値も含めた総合的な評価によってバイオ燃料推進事業の是非は判断する必要があります。

　外部効果の価値については現実をよく見て検証することが大変重要です。「バイオ燃料は環境に優しい」という一律的な見解は鵜呑みにはできません。財政負担によって支援するということは、それを正当化できる十分に大きな便益を国民に提供していることを、具体的にわかりやすく示す必要があります。

　1997年に採択された「京都議定書」では、バイオ燃料は植物が大気中から取り込んだCO_2を大気に戻す循環が成り立つ「カーボン・ニュートラル」かつ「リニューアブル」（再生可能）だということで、バイオ燃料からのCO_2は排出量に計上せず、化石燃料を節約した分を削減量にカウントできるとされました。しかし、実はアメリカのトウモロコシ・エタノールについては、ライフサイクルでのCO_2削減効果がかなり小さいか、ガソリンよりむしろCO_2排出量が多いという評価もあります。その意味では、アメリカのバイオ燃料推進が環境政策の一環だというのは、ほとんど「建前」だと考えていいかもしれません。

実際に、アメリカのバイオ燃料推進政策は穀物の過剰在庫の削減をねらって推進された側面が大きいことが指摘されています。また、中国は膨大なトウモロコシ在庫の削減計画の中にバイオ燃料生産事業を位置づけました。EUも、WTOパネル（紛争処理委員会）で砂糖輸出制度が問題視されたため、行き場を失ったビートの使い道としてバイオ燃料推進へと本格的に乗り出したという経緯があります。

加えて、アメリカのバイオ燃料の増産は、2018年の未曽有の穀物価格高騰の大きな要因になったとの見解があります。とくにトウモロコシ需給の世界的ひっ迫は、主食のトウモロコシを輸入に依存していた多くの途上国の人々を苦しめました。

また、農産物価格が上昇すれば途上国の農家の利益になるというのは、不完全競争が蔓延する現実社会においては机上の空論です。途上国では農産物価格が上昇しても輸出業者や仲介業者が利益を独占したり、多国籍企業が途上国の農地を支配するなど搾取の構造が根強くあります。また、家畜飼料の高騰によって日本でも多くの畜産農家が廃業の危機に直面しました。このように、アメリカのトウモロコシ・エタノール事業については、商業ベースでも社会的意義の面でも非常に厳しい評価を受けています。

一方、ブラジルのサトウキビ・エタノールは製造コストがかなり低く、ガソリンよりも割安です。さらに、トウモロコシ・エタノールの製造には化石燃料が使われるのに対して、サトウキビ・エタノールの製造にはバガスと呼ばれるサトウキビの絞りかすが使われるので、CO_2排出削減効果はより大きくなります。加えて、ブラジルの潜在的可耕地の大きさから砂糖生産と競合しにくく、食料価格への影響が小さいので、消費者に負担を強いることが少ないというメリットもあります。

ただし、サトウキビ生産の拡大によって小農牧民が土地を追われたり、アマゾンでの焼畑拡大による森林破壊の問題も指摘されています。サバンナや熱帯雨林が耕地に転換されると、CO_2排出の増加は非常に大きいという試算もあるので、これらの問題を考慮すると、ブラジルのサトウキビ・エタノー

ルも温暖化問題においては有利でない可能性があり、慎重な検証が必要です。

　そこで、現在主流のデンプンや糖質由来のバイオ燃料ではなく、木くずや雑草などの非食料セルロース系バイオ燃料（第二世代）の実用化が模索されています。第二世代は低コストで生産でき、食料や飼料との競合問題もなく有利性がきわめて高い可能性があります。

　それでは、日本にとってのバイオ燃料推進にはどのような意義があるでしょうか。食用農産物をバイオ燃料に仕向けることには一部では倫理的な批判もあります。食料の国際価格は今後とも不安定で、有事の際には輸出規制なども簡単に行われるので、ある程度の期間をしのげる国内食料生産力を備えておくことが重要になっている時代です。にもかかわらず、コメのバイオ燃料化を推進するというのは、一見矛盾するように見えるかもしれません。

　しかし、日本で潜在生産力が最も高いコメを機軸として、水田の4割に及ぶ生産調整を見直し、不測の事態に備える国内生産力を維持するというのは、かなり実現可能性がある方法の一つです。この場合、コメの増産分を主食用に回せば、米価が暴落して多くの稲作経営が窮地に陥り、逆効果になることは明らかなので、平常時には余剰分をバイオ燃料向けにも利用しつつ、食料需給ひっ迫時には国内主食用や援助米に用途を転換すれば、日本の食料安全保障のみならず世界の食料安全保障にも貢献できます。つまり、「生産」調整から「販売」ないし「出口」での調整へと移行するということです。

　また、コメに限らず日本でバイオ燃料生産を振興することは、資源循環的な農村振興策の重要なパーツの一つになります。このようなメリットも含めてバイオ燃料推進の是非を総合的に評価して、賄えないコストの部分は補助金や税控除で補うことが、社会全体としてより大きな便益を得る道となります。輸入穀物と国産米との間に大きな価格差がある現状では、バイオ燃料用に販売しても主食用米と遜色ない収入を農家が確保できるだけの支援がなければ成り立ちません。アメリカのトウモロコシ・エタノール推進策も、コマーシャル・ベースでは採算性がないのに、多額の補助金によって生産を推進しています。

図16 外部効果を考慮した費用対効果にもとづく妥当な補助金水準

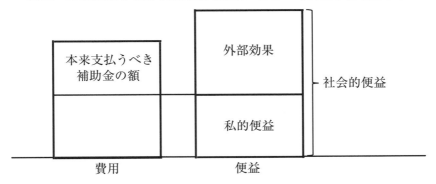

　なお、原料費の高い日本でのバイオ燃料生産が不利だとは一概には言えません。たとえば、沖縄では砂糖生産との競合をなるべく小さくするために糖蜜を活用してエタノールと砂糖の両方を製造したり、サトウキビの新品種を利用してエタノールへの変換効率を大幅に上げるプロジェクトも進んでいます。また、静岡の企業では、食品廃棄物のオカラを処理料を受け取って収集し、そのエタノール製造過程で使う燃料には廃油からのバイオディーゼルを使うことで、大幅なコスト低減とCO_2排出削減を実現しています。

　なお、バイオ燃料の持続可能性の基準作成などに関する国内外の議論では、①温室効果ガス排出量評価、②食料競合評価、③生物多様性等評価、④経済性・安定供給性評価、というように項目ごとに基準値を設けて、すべてクリアしているかをチェックしようとしていますが、本来は、これらを総合した社会的便益がコストを上回るかどうかをチェックするのがより望ましい評価方法だと考えられます。

24 環境問題を考慮した自由貿易協定の影響評価

　去る2005年12月、マレーシアにおいて第1回東アジアサミットが開催され、「東アジア共同体」の枠組みをめぐる議論が交わされました。東アジア共同体の形成は、EUや米州圏に対抗する政治経済的カウンタベイリング・パワー（拮抗力）として、アジアの経済発展や発言力強化に資することが期待されています。近年はアジアの国々同士の自由貿易協定（FTA）も飛躍的に増えているので、既存のFTAを足掛かりとして東アジア自由貿易圏（EAFTA）に統合できる可能性も高まっています。

　大規模畑作をベースとする新大陸型農業に対して、東アジアの農業は零細な水田稲作という共通性をもっています。他方、アジアの農村にはいまだ深刻な貧困問題が残っている地域も多く、日本の農業とは主に賃金格差による大きな生産費格差があるので、経済効率性を追求するだけのFTAでは、貧困人口や所得格差をむしろ拡大する危険性もあります。

　アジアとともに発展することが日本の活路とすれば、日本が一人勝ちするような関係を押しつけては逆効果です。大きな生産費格差を克服して各国の農業が共存できるように、FTAの利益を再分配する仕組みを協定の中にどのように組み込むかがEAFTAの成功の大きな鍵になると考えられます。その再配分システムの構築に向けて、日本がリーダーシップをとることが重要であり、それによって日本の将来も開けることになります。

　具体的には、EUの共通農業政策（CAP）が参考になります。その最も基本的な部分は、各国のGDPに応じた拠出金による基金からの共通予算で農業政策を講じるというものです。重要な点は、国境の垣根を低くしても、各国の多様な農業が存続できるように独自性を尊重し、生態系や環境を保全する努力がなされていることです。

　そこで、東アジア独自の共通農業政策の可能性を議論するために、筆者の研究チームではFTA利益の再配分機能を組み込んだ経済連携の具体像を試

環境経済学講義　*79*

算をしました。以下、その概要をご紹介します。この試算では、簡単化のために日本、中国、韓国の３国に範囲を限定し、自由化の対象はコメ貿易のみで、自由化後は日本の生産調整は完全に廃止されると仮定しています。

　まず、日中韓の農業生産費の格差は大きく、とくにコメは日本と韓国の最大のセンシティブ品目です。したがって、コメをFTAに含めると利益が大きく偏在する危険性があるため、コメを関税撤廃品目から一部除外することは妥当性があると考えられます。他方、コメ関税の削減によって利益を得る国の立場も考えれば、共通農業政策の枠組みを活用して可能な限りの低関税化を検討することも必要です。したがって、共通農業政策の補塡システムへの各国の拠出額の許容水準と、許容できる関税削減水準とをセットで検討し、自給率や環境負荷の変化も考慮しつつ、実現可能な仕組みを検討してみることにします。

　そこで、まずシンプルな日中韓のコメ市場の部分均衡モデルを構築し、関税削減による輸入国の損失を、日中韓の共通予算（基金）で補塡する場合に必要な負担額を試算しました。基金への拠出金は各国のGDP比に応じた金額とします。また、外部効果については、ここでは日本の窒素収支の変化のみ分析に組み込みました。

　試算結果は**表６**のとおりです。シナリオＡは、コメ関税を完全に撤廃し、かつ何の補塡措置も行わないという極端なケースですが、この場合は日本と韓国のコメ生産量が大幅に減少し、中国から日本と韓国に向けてそれぞれ757万トン、484万トンという膨大なコメ輸出が生じるので、日韓の自給率はそれぞれ17％、46％となり極端に低下します。当然の結末ですが、これは日韓両国にとって到底受け入れられるものではありません。なお、コメ生産をやめた水田が都市的利用に転換されるという仮定の下では、窒素受入限界量が大幅に減少して、日本の窒素過剰率（＝窒素総供給／農地受入限界比率）は現状の187％から240％へと大きく上昇します。現状でもすでに地下水や野菜の窒素含有率の高さが問題視されている中で、このような大幅な過剰窒素の増加は許容し難いと言えるでしょう。

表6 日中韓FTAにおけるコメ関税率削減と補填システムに関する試算

国	変数	単位	現状	シナリオ A	シナリオ B	シナリオ C
日本	生産	万トン	889	158	781	781
	需要	万トン	900	915	916	906
	自給率	%	99	17	85	86
	補填基準米価	円/kg	n.a	n.a	200	200
	市場米価	円/kg	269	51	45	127
	中国からの輸入	万トン	11	757	135	126
	関税率	%	533	0	0	186
	日本への必要補填額①+②－③	億円	3,766	0	12,074	4,708
	生産調整①	億円	3,142	0	0	0
	直接支払い等②	億円	865	0	12,074	5,741
	関税収入③	億円	240	0	0	1,033
	日本の負担額	億円	3,766	0	13,066	4,000
	農地の窒素受入限界量	千トン	1,270	927	1,219	1,219
	環境への食料由来窒素供給量	千トン	2,378	2,227	2,356	2,356
	窒素総供給/農地受入限界比率	%	187	240	193	193
韓国	生産	万トン	669	410	612	612
	需要	万トン	676	894	918	748
	自給率	%	99	46	67	82
	補填基準米価	円/kg	n.a	n.a	150	150
	市場米価	円/kg	193	48	42	117
	中国からの輸入	万トン	7	484	306	136
	関税率	%	395	0	0	186
	韓国への必要補填額①－②	億円		0	6,613	1,013
	直接支払い等①	億円		0	6,613	2,047
	関税収入②	億円		0	0	1,035
	韓国の負担額	億円		0	4,057	1,242
中国	生産	万トン	17,634	18,408	17,900	17,787
	需要	万トン	17,616	17,168	17,459	17,525
	米価	円/kg	36	45	39	38
	輸出	万トン	18	1,241	441	262
	中国への必要補填額	億円		0	0	0
	中国の負担額	億円		0	1,564	479

資料：鈴木（2006）。

環境経済学講義　*81*

　次に、シナリオBでは共通農業政策の補填システムを組み込んでみます。現状の価格と生産量を維持するほどの補填額ではないが、目標水準として日本は1俵（60kg）当たり12,000円、すなわち200円/kgを補填基準米価とし、韓国は目標水準として150円/kgを補填基準米価に設定しています。すると、この補填システムのための日韓中の負担額はそれぞれ1.3兆円、4,057億円、1,564億円となり、日本の負担額が大きすぎて現実的ではないことは明らかです。

　以上のシナリオAおよびBの試算結果が示すとおり、コメ関税をゼロにしてしまうと日韓のコメ生産はきわめて大きな打撃を受け、共通農業政策で補填することはほとんど不可能になります。また、日中韓3国だけでコメ関税をゼロにすることは、アメリカやタイなど他のコメ輸出国に対する差別性の点で軋轢を生じるおそれもあります。

　そこで、シナリオCでは、補填基準米価をシナリオBと同水準とし、日本の負担額が4,000億円以下に収まるように上限を設けた場合、関税をどこまで引き下げられるかを試算しました。この場合、日本と韓国の関税水準を同じにするのが妥当だとすれば、日韓の関税率は186％となります。すると、日韓両国の必要補填額はそれぞれ4,708億円、1,013億円、日韓中の負担額は順に4,000億円、1,242億円、479億円となります。日本では直接支払いに5,741億円かかりますが、関税収入が1,033億円発生するので、差し引きの必要費用は4,708億円に抑えられます。また、日本は生産調整を解除するので86％程度の自給率は確保できますし、窒素過剰率は現状の187％から193％への上昇にとどまります。さらに、韓国は1,013億円の必要補填額に対して負担が1,242億円となり、差し引きの持ち出し額は229億円に縮小します。

　以上のように、日中韓FTAで各国のGDP比に応じた拠出による基金で補填を行う場合、日本の負担額の上限を4,000億円程度としたうえで、可能となる最大限のコメ関税引き下げを行うならば、日本は生産調整を解除して補填基準米価を1俵12,000円程度に設定し、関税率を200％程度に引き下げるのが妥当な水準であることが示唆されました。このとき、日韓のコメ自給率

はそれほど大きく低下することなく、環境負荷もかなり抑制されています。

　以上の試算はかなり単純化されたものではありますが、実現可能な政策シミュレーションの一例として、具体的な設定や金額を示すことには大きな意義があります。なお、東アジア版の共通農業政策を維持するためには、WTO交渉においても日中韓が共同して、日本と韓国のコメ関税を最低限200％程度確保できるような提案を行うことが必要です。これは、EUがCAPをベースに共同提案を行うのと同じような大きな影響力を発揮することが期待されます。

25 消費者の不安をともなう新技術導入の影響評価

　アメリカの農業経済学者コクランは、1959年の論文（Cochrane、1959）の中で、農業生産における技術革新を「踏み車（treadmill）」にたとえました。これは、新技術の導入によって農家は短期的には生産費低下の利益を得られるが、長期的には技術普及にともなって供給量が増加するため、非弾力的な農産物需要のもとでは大幅な価格下落を招くことを説明したものです。つまり、技術革新による生産費低下と価格低下は踏み車のように繰り返され、農家の所得はいつまでも増えないことを意味します。

　とくに遺伝子組換え技術の場合、食品への実用に際して消費者の不安や抵抗感が払拭されず、買い控えなどを引き起こしてもっと急激な価格下落を引き起こす危険性があります。たとえば、乳牛の乳量増加ホルモン剤rbSTは、アメリカで1994年に認可されましたが、安全性への懸念から「アメリカ酪農史上最大の論争」（Boyens、1999）とも言われる激しい論議が巻き起こりました。人体への安全性はもちろん、牛の健康への影響や倫理的問題を懸念する消費者団体・動物愛護団体などの激しい抗議活動が起こる一方、乳価下落による収入減少を懸念する生産者側の反対運動もあり、さらに全米の大手スーパーマーケットや外食チェーンがrbST使用乳の仕入れをボイコットする事態も相次ぎました。認可薬なので人体への安全性は十分に確認されているにもかかわらず、消費者の不安は払拭されず、市場が混乱に陥ったのです。

　この事例は、外部効果というより、**図17**のように、需要曲線と供給曲線のシフトが起こる問題として整理できます。余剰変化についても各自で確認してみてください。

　日本では現在、rbSTは未認可ですが、もし認可されれば生乳需要の減退はあるのか、あるとすればどの程度だと考えられるでしょうか。コーネル大学のKaiser教授の調査によれば、アメリカにおける1994年から５年間の牛乳需要減少率が3.6％だったので、日本でも同程度の需要減退がある可能性を

図17　新技術導入にともなう農産物価格への影響

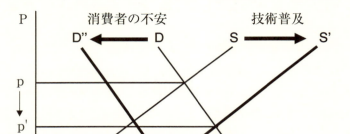

想定する必要があります。そこで筆者らは、もし日本でrbSTが認可されたことにより、飲用乳5％、加工原料乳2.5％程度の需要減退があった場合に、牛乳市場にどのような影響があるかを試算してみました。その結果、生産者乳価は約4％下落し、この乳価水準では多くの酪農経営が廃業に追い込まれ、非常に低コストの大規模経営しか生き残れないことがわかりました。しかも、乳価下落により乳牛1頭当たりの収益が大幅に減少し、生き残った大規模経営の所得も低下します。つまり、rbSTの効果で1頭当たり乳量が増加しても、中長期的にはどの酪農経営にとってもrbSTを使用するメリットはなくなるのです。

　実は、現在のところ日本国内の酪農生産ではrbSTは使用されていませんが、アメリカからの輸入乳製品を通じて日本の消費者もすでにrbSTを使用した牛乳を摂取しています。また、2001年4月以降、遺伝子組み替え食品の輸入・販売に対して安全性審査とラベル表示が義務化されましたが、rbST使用乳を含む乳製品はこの手続きの対象外となっています。このことについて、消費者の理解を得られるのかという懸念もあります。風評も含めたリスクを考慮して、早急に対応する必要があります。

おわりに

　環境経済学は環境問題を取り扱うので、幅広い学問分野からの批判があります。たとえば、「汚染を容認する学問だから間違っている」といった「そもそも論」も、いまだよく耳にします。すなわち、環境経済学とは結局は環境保護を銭金の問題にすり替えて、カネさえ出せば環境破壊を続けても「最適な経営判断」というお墨付きを与える学問だという批判です。

　しかし、ピグー税を徴収したら、税収を汚染防止対策に使うことがピグー税の理論の大前提なので、それが確実に実行されれば汚染は防止されます。問題なのは、財源が別の目的に使われてしまう場合です。たとえばガソリン税は、当初は道路特定財源（目的税）として導入されましたが、その後一般財源に転換されたため、交通事故などによる社会的ロスは改善されないまま残っています。一般財源にすれば何にでも使えて便利だと考えるのは安直です。これは租税体系の整理の問題として、改善を検討する必要があるでしょう。

　環境もタダでは守れません。その費用の支払いを確実にするためには、経済的なインセンティブは重要です。また、あらゆる汚染を突然ゼロにするのも不可能なので、その時々の経済活動とのバランスを決める基準も必要です。そういった課題に対して、環境税や排出量取引は現在知られる最も安価で有効な方法の一つだと考えられています。

　ただし、実践の段階では弊害をともなうことがあるのも事実です。たとえば、工業よりも農業の方が汚染防止費用が安いというのは、多くの場合正しいけれども、実際には各企業の真のコストはブラックボックスの中にあり、情報不足の中で規制当局が設定するデフォルト値などは不公平なものになりがちです。

　また、排出量取引で得られる当事者の利益は、各々の当初割当て（削減目標）の設定によっても左右されますが、そこに恣意的な操作が入る危険性を

排除できるでしょうか。言うなれば、もとはタダだったものから、制度的なさじ加減で経済利益が湧いて出てくるわけなので、一部の産業や企業に利益が集中するような事態がないとは言えません。これらは制度運用上の情報不足やレント問題が原因の「政府の失敗」であり、容易にはなくせない部分です。

さらに、1997年の京都議定書がわかりやすい例ですが、各国にほぼ一律の削減目標が課されたため、それ以前から高水準の省エネ政策を推進してきた日本にとっては、他国よりも実質的に厳しい削減努力を負うはめになりました。このような「労するものは救われず、怠けるものは救われる」（宇沢、1995）ような不公平は、緻密な制度設計によって理論的には払拭できても、実際の国際的な取決めは結局一部の大国に有利に設定されやすいのです。また、世界的な排出量取引へと展開すれば、それは先進国が途上国のプリミティブな産業の生産枠を安く買い取るのと同じで、途上国の経済発展の芽を摘みとるのではないかと危惧されています。

そしてもう一つ忘れてはならないのは、汚染コストを企業が負担するということは、生産物価格に転嫁されて、結局は消費者が負担するという点です。とりわけCO_2排出コストの上昇はエネルギー価格と食料価格の上昇に直結するので、逆進税のように、途上国や貧困層の人々を著しく苦しめる危険性が高いのです。

宇沢弘文教授（1928 - 2014年）は、これらの社会倫理面での弊害を強く批判し、より望ましい環境政策として「比例的炭素税」および「大気安定化国際基金」の創設を提唱しました。比例的炭素税とは、その国の１人当たり国民所得に比例する課税であり、大気安定化国際基金とは、各国政府が比例的炭素税の税収から一定割合を拠出して途上国等に再配分し、途上国はその配分金を使って森林保全や代替エネルギー開発などの排出削減策を講じるという仕組みです。これは、そもそも炭素税自体が途上国にとって不公平な政策であり、（一律の炭素税ではなく）比例的炭素税にしても不公平性は十分には払拭できないので、国際基金を創って取引利益を再配分しようという案で

す。

　この宇沢教授の提案の重要なポイントは、環境政策評価でしばしば二の次にされがちな社会倫理的な評価基準を、量的分析も加えて前面に出した提案である点です。つまり、一般的に環境政策の評価分析は「①経済的効率性」と「②目的達成への有効性」の2つの基準で検討されることが多い中、これに「③社会的公正性」という基準を常に加えるべきだという提案です。

　以上の議論は、「経済学は科学なのか、価値観なのか」という論争にも関わる話です。なかなか着陸しない長年の論争ですが、どちらかというと、経済学が「科学らしく」あるためには価値観を切り離すべきとか、倫理的判断は経済分析の管轄ではないと言う人がむしろ増えているように感じます。

　ですが、言うまでもなく、経済分析が分析者の「解釈」と無縁でないことは明らかです。もし均衡理論と数式だけを拠り所にして客観性を突き詰めようとしても、結論は自動的に出てくるものではないのです。経済学とは、分析者の価値観や主義主張が生み出す部分と、科学者の共通言語である数学の部分、両方があるおもしろい学問だと捉えた方がしっくりくるのではないでしょうか。

　「経済学者は現場を見ずに、非現実的な仮定の中で答えを探している」という批判がありますが、私の講義で皆さんにまずお伝えしているのは、現実問題に関心をもってくださいということです。「俗世に染まらず真理だけを追求する」のが研究だとイメージしている人には意外かもしれませんが、人間社会に対する自分自身のリアルな疑問や願いといったものこそが、研究や学問に取組むためのとても大事な拠り所になるのです。

〈参考文献〉

Boyens, I.（1999）*Unnatural Harvest: How How Genetic Engineering is Altering our Food*, Canada:Doubleday.（ボーエンズ（1999）関裕子訳『不自然な収穫』光文社.

Cochrane, W.W.（1959）*Farm Prices: Myth and Reality*, University of Minnesota Press.

西尾道徳（2005）『農業と環境汚染』農山漁村文化協会.

農林水産省（1999）『農業生産環境調査（平成11年）』.

農林水産省・環境省（2009）『田んぼの生き物調査結果』.

織田健次郎（2004）「我が国の食料供給システムにおける1980年代以降の窒素収支の変遷」農業環境技術研究所『農業環境研究成果情報』第20集.

Oki, T., M. Sato, A. Kawamura, M. Miyake, S. Kanae, and K. Musiake（2003）"*Virtual water trade* to Japan and in the world," Virtual Water Trade, Edited by A.Y. Hoekstra, Proceedings of the International Expert Meeting on Virtual Water Trade, Delft, The Netherlands, 12-13 December 2002, Value of Water Research Report Series No.12, pp.221-235.

Shindo, J., K. Okamoto, and H. Kawashima（2003）"A model-based estimation of nitrogen flow in the food production-supply system and its environmental effects in East Asia," *Ecological Modeling*, vol.169（1）, pp.197-212.

鈴木宣弘（2006）「東アジア共通農業政策構築の可能性」『農林業問題研究』vol.41（4）, pp.365-372.

田中淳子・堀米仁志・今井博則（1996）「井戸水が原因で高度のメトヘモグロビン血症を呈した1新生児例」『小児科臨床』No.49（7）, pp.1661-1665.

宇沢弘文（1995）『地球温暖化の経済学』岩波新書.

著者略歴

鈴木 宣弘（すずき のぶひろ）
1958年三重県生まれ。1982年東京大学農学部卒業。農林水産省、九州大学教授
を経て、2006年より東京大学教授。98〜2010年（夏季）コーネル大学客員教授。
2006〜2014年 学術会議連携会員。一般財団法人「食料安全保障推進財団」理
事長。『食の戦争』（文藝春秋、2013年）、『貧困緩和の処方箋：開発経済学の再考』
（筑波書房、2021年）、『農業消滅』（平凡社新書、2021年）、『協同組合と農業経
済〜共生システムの経済理論』（東京大学出版会、2022年、食農資源経済学会賞
受賞）、『世界で最初に飢えるのは日本』（講談社、2022年）、『マンガでわかる
日本の食の危機』（方丈社、2023年）他、著書多数。

木下 順子（きのした じゅんこ）
福岡県生まれ。農学博士（東京大学）。エイベック・ラボ（Laboratory of
AgriBusiness and Economics Consortium, Japan）主宰。九州大学農学研究院
修士課程修了後、農林水産省入省。農林水産政策研究所研究員として食料政策、
農産物貿易をめぐる食料安全保障問題や環境問題などの経済分析を担当。2018
年3月退職後、現職。食と農とSDGsをめぐる研究執筆活動に取り組んでいる。
『Empirical Study on Oligopolistic Dairy Markets in Japan』（筑波書房、2008年）、
『食料を読む』（共著、日経文庫、2010年）他、著書多数。

環境経済学講義

2025年3月3日　第1版第1刷発行

著　者	鈴木 宣弘・木下 順子
発行者	鶴見 治彦
発行所	筑波書房

東京都新宿区神楽坂2-16-5
〒162-0825
電話03（3267）8599
郵便振替00150-3-39715
http：//www.tsukuba-shobo.co.jp

定価はカバーに示してあります

印刷／製本　中央精版印刷株式会社
©2025 Printed in Japan
ISBN978-4-8119-0691-1 C3033